全国计算机等级考试

上机考试习题集

三级汇编语言程序设计

全国计算机等级考试命题研究组　编

南开大学出版社

天　津

内容提要

　　本书提供了全国计算机等级考试三级汇编语言机试试题库。本书配套光盘包含如下主要内容：（1）上机考试的全真模拟环境，可练习书中所有试题，其考题类型、出题方式、考场环境和评分方法与实际考试相同，但多了详尽的答案和解析；（2）书中所有习题答案，可通过屏幕浏览和打印方式轻松查看；（3）考试过程的录像动画演示，从登录、答题到交卷，均有指导教师的全程语音讲解；（4）三级 PC 技术的笔试系统，可练习大量三级技术的笔试题。

　　本书针对参加全国计算机等级考试三级汇编语言程序设计（即三级 PC 技术）的考生，同时也可作为大专院校、成人高等教育以及相关培训班的练习题和考试题使用。

图书在版编目（CIP）数据

　　全国计算机等级考试上机考试习题集：2011 版. 三级
汇编语言程序设计 / 全国计算机等级考试命题研究组编.
9 版. —天津：南开大学出版社，2010.12
　　ISBN 978-7-310-01630-3

　　Ⅰ. 全…　Ⅱ. 全…　Ⅲ. ①电子计算机－水平考试－习题
②汇编语言－程序设计－水平考试－习题　Ⅳ. TP3-44

　　中国版本图书馆 CIP 数据核字（2009）第 190937 号

南开大学出版社出版发行
出版人：肖占鹏
地址：天津市南开区卫津路 94 号　　邮政编码：300071
营销部电话：(022)23508339　23500755
营销部传真：(022)23508542　邮购部电话：(022)23502200
*
河北昌黎太阳红彩色印刷有限责任公司印刷
全国各地新华书店经销
*
2010 年 12 月第 9 版　　2010 年 12 月第 10 次印刷
787×1092 毫米　16 开本　13 印张　323 千字
定价：26.00 元

如遇图书印装质量问题，请与本社营销部联系调换，电话：(022)23507125

编委会

前 言

全国计算机等级考试（National Computer Rank Examination，NCRE）是由教育部考试中心主办，用于考查应试人员的计算机应用知识与能力的考试。本考试的证书已经成为许多单位招聘员工的一个必要条件，具有相当的"含金量"。

为了帮助考生更顺利地通过计算机等级考试，我们做了大量市场调研工作，根据考生的备考体会，以及培训教师的授课经验，推出了《上机考试习题集——三级汇编语言程序设计》。本书的主要组成有两部分。

一、三级汇编语言程序设计上机考试题库

对于备战等级考试而言，做题，是进行考前冲刺的最佳方式。这是因为它的针对性相当强，考生可以通过实际练习做题，来检验自己是否真正掌握了相关知识点，了解考试重点，并且根据需要再对知识结构的薄弱环节进行强化。

二、配套光盘

本书配套光盘内容丰富，物超所值，可用于考前实战训练，主要内容有：

● 上机考试的全真模拟环境，用于考前实战训练。本上机系统题量巨大，书中所有试题，均可在全真模拟考试系统中进行训练和判分，以此强化考生的应试能力，其考题类型、出题方式、考场环境和评分方法与实际考试相同，但多了详尽的答案和解析，使考生可掌握解题技巧和思路。

● 上机考试过程的视频录像，从登录、答题到交卷的录像演示，均有指导教师的全程语音讲解。

● 书中所有习题答案，可通过屏幕浏览和打印方式轻松查看。

● 三级 PC 技术的笔试系统，可练习大量笔试真题和模拟题，作为考前备战演习。

本书针对参加全国计算机等级考试三级汇编语言程序设计（报考三级 PC 技术）的考生，同时也可以作为普通高校、大专院校、成人高等教育以及相关培训班的练习题和考试题使用。

为了保证本书及时面市和内容准确，很多朋友做出了贡献，陈河南、贺民、许伟、侯佳宜、贺军、于樊鹏、戴文雅、戴军、李志云、陈安南、李晓春、王春桥、王雷、韦笑、龚亚萍、冯哲、邓卫、唐玮、魏宇、李强等老师付出了很多辛苦，在此一并表示感谢！

在学习的过程中，您如有问题或建议，请使用电子邮件与我们联系。或登录百分网，在"书友论坛"与我们共同探讨。

电子邮件：book_service@126.com

百分网：　www.baifen100.com

全国计算机等级考试命题研究组

配套光盘说明

光盘初始启动界面，可选择安装上机系统和笔试系统、查看上机操作过程以及浏览书中答案

上机操作过程的录像演示，有指导教师的全程语音讲解

单击"书上题目答案"按钮，可查看书中所有题目答案，单击"打印"按钮可打印答案

单击光盘初始界面左下角的图标，您可以给我们发送邮件，提出您的建议和意见

单击光盘初始界面的图标，可进入百分网，您可以在此与我们共同探讨问题

从"开始"菜单可启动帮助系统，在这里可看到考试简介、考试大纲以及详细的软件使用说明

双击桌面上的软件名称启动上机系统，按照提示操作，您可以随机抽题，也可以指定固定的题目

浏览题目界面，查看考试题目，单击"考试项目"开始答题

实际答题环境。答题完成后单击工具栏中的"交卷"按钮

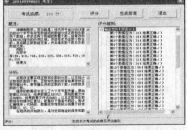

答案和分析界面，查看所考核题目的答案和分析

＊＊＊

第1题

请编制程序，其功能是：将内存中由 SOURCE 指示的 40 个字节有符号数组成的数组分成正数和负数两个数组，并求这两个数组的数据个数，结果存放在 RESULT 指示的内存区域。存放形式为正数个数在前，其后跟正数数组元素，然后是负数个数及负数数组元素。

例如：

内存中有 1EH，91H，74H，91H，42H，30H，81H，F3H，18H，25H

结果为　　06H，1EH，74H，42H，30H，18H，25H，04H，91H，91H，81H，F3H

部分程序已经给出，其中原始数据由过程 LOAD 从文件 INPUT1.DAT 中读入 SOURCE 开始的内存单元中，转换结果要求从 RESULT 开始存放，由过程 SAVE 保存到文件 OUTPUT1.DAT 中。

请填空 BEGIN 和 END 之间已经给出的一段源程序使其完整，需填空处已经用横线标出，每个空白一般只需要填一条指令或指令的一部分（指令助记符或操作数），也可以填入功能相当的多条指令，或删去 BEGIN 和 END 之间原有的代码并自行编程来完成所要求的功能。

对程序必须进行汇编，并与 IO.OBJ 链接产生可执行文件，最终运行程序产生结果。调试过程中，若发现程序存在错误，请加以修改。

试题程序：

```
        EXTRN       LOAD:FAR,SAVE:FAR
N       EQU         40

STAC    SEGMENT     STACK
        DB          128 DUP (?)
STAC    ENDS

DATA    SEGMENT
SOURCE  DB          N DUP(0)
RESULT  DB          N+2 DUP(0)
NAME0   DB          'INPUT1.DAT',0
NAME1   DB          'OUTPUT1.DAT',0
NDATA   DB          N DUP(0)
PDATA   DB          N DUP(0)
DATA    ENDS

CODE    SEGMENT
        ASSUME      CS:CODE, DS:DATA, SS:STAC
START   PROC        FAR
```

```
            PUSH        DS
            XOR         AX,AX
            PUSH        AX
            MOV         AX,DATA
            MOV         DS,AX
            MOV         ES,AX               ;置附加段寄存器

            LEA         DX,SOURCE           ;数据区起始地址
            LEA         SI,NAME0            ;原始数据文件名
            MOV         CX,N                ;字节数
            CALL        LOAD                ;从'INPUT1.DAT'中读取数据
;      **** BEGIN ****
            LEA         SI, SOURCE
            (1)         DI,OFFSET PDATA  ;PDATA 为正数数组存放缓冲区首址
            MOV         BX,OFFSET NDATA  ;NDATA 为负数数组存放缓冲区首址
            XOR         DX,DX
            MOV         CX,N
            CLD
MAIN1:      LODSB
            TEST        AL,   (2)
            JZ          MAIN2
            INC         DH
            MOV         [BX],AL
            INC         BX
            (3)
MAIN2:      INC         DL
            MOV         [DI],AL
            INC         DI
MAIN3:      (4)         MAIN1
            LEA         SI,PDATA
            LEA         DI,RESULT
            MOV         [DI],DL
            INC         DI
            XOR         CX,CX
            MOV         CL,DL
MAIN4:      MOV         AL,   (5)
            MOV         [DI],AL
            INC         DI
            INC         SI
            LOOP        (6)
```

```
            MOV         [DI],DH
            INC         DI
            XOR         CX,CX
            MOV         CL,DH
            MOV         BX,OFFSET NDATA
    MAIN5:  MOV         AL,[BX]
            MOV         [DI],AL
            INC         DI
                    (7)
            LOOP        MAIN5
    ;   **** END ****
            LEA         DX,RESULT       ;结果数据区首址
            LEA         SI,NAME1        ;结果文件名起始地址
            MOV         CX,N+2          ;字节数
            CALL        SAVE            ;保存结果到'OUTPUT1.DAT'文件
            RET
    START   ENDP
    CODE    ENDS
            END         START
```

★★★

第 2 题

请编制程序，其功能是：内存中连续存放着 10 个无符号 8 位格雷码表示法的数，现将此十个数转换成十个 8 位二进制数，结果存入内存。其转换方法为二进制数的最高位 $d7$ 与格雷码的最高位 $g7$ 相同，二进制数的其余七位 $d_k(k=6,\cdots,0)$ 分别为格雷码的位 $g_k(k=6,\cdots,0)$ 与二进制数的位 d_{k+1}（$k=6,\cdots,0$）异或的结果。

例如：

内存中有　00H, 03H, 2BH, 67H, 0CH, 15H, 54H, 02H, D8H, C7H

结果为　　00H, 02H, 32H, 45H, 08H, 19H, 67H, 03H, 90H, 85H

部分程序已给出，其中原始数据由过程 LOAD 从文件 INPUT1.DAT 中读入 SOURCE 开始的内存单元中。运算结果要求从 RESULT 开始存放，由过程 SAVE 保存到文件 OUTPUT1.DAT 中。

请在 BEGIN 和 END 之间的源程序中填空，使其完整（空白已用横线标出，每个空白一般只需一条指令，但采用功能相当的多条指令亦可），或删除 BEGIN 和 END 之间原有的代码，并自行编程，完成所要求的功能。

对程序必须进行汇编，并与 IO.OBJ 链接产生可执行文件，最终运行程序产生结果。调试过程中，若发现程序存在错误，请加以修改。

试题程序：

```
            EXTRN        LOAD:FAR,SAVE:FAR
N           EQU          10

STAC        SEGMENT      STACK
            DB           128 DUP (?)
STAC        ENDS

DATA        SEGMENT
SOURCE      DB           N DUP(?)              ;顺序存放 10 个字节数
RESULT      DB           N DUP(0)              ;存放结果
NAME0       DB           'INPUT1.DAT',0
NAME1       DB           'OUTPUT1.DAT',0
DATA        ENDS

CODE        SEGMENT
            ASSUME       CS:CODE, DS:DATA, SS:STAC
START       PROC         FAR
            PUSH         DS
            XOR          AX,AX
            PUSH         AX
            MOV          AX,DATA
            MOV          DS,AX

            LEA          DX,SOURCE            ;数据区起始地址
            LEA          SI,NAME0             ;原始数据文件名
            MOV          CX,N                 ;字节数
            CALL         LOAD                 ;从'INPUT1.DAT'中读取数据
;    **** BEGIN ****
            LEA          DI, RESULT
            LEA          SI, SOURCE
            MOV          CX,10
AGN0:       MOV          AL,[SI]
                  (1)
            MOV          CX,8
            MOV          BX,0
AGN1:       MOV          AH,0
            SHL          BL,1
             (2)         AL,1
            RCL          AH,1
            CMP          AH,      (3)
```

```
                    (4)
        JMP         NEXT
SET_ONE: OR         BL,01H
NEXT:   MOV         ____(5)____,BL
                    (6)
        LOOP        AGN1
                    (7)
        MOV         [DI],BL
        INC         SI
        INC         DI
        LOOP        AGN0
;     **** END ****
        LEA         DX,RESULT       ;结果数据区首址
        LEA         SI,NAME1        ;结果文件名
        MOV         CX,N            ;结果字节数
        CALL        SAVE            ;保存结果到文件
        RET
START   ENDP
CODE    ENDS
        END         START
```

★★

第 3 题

请编制程序，其功能是：内存中连续存放着 20 个十六位二进制无符号数序列，请将它们排成升序（从小到大）。

例如：

内存中有　　　7001H，7004H，7002H…（假设后 17 个字均大于 7004H）

结果为　　　　7001H，7002H，7004H…（后跟 17 个字，按从小到大的顺序排列）

部分程序已给出，其中原始数据由过程 LOAD 从文件 INPUT1.DAT 中读入 SOURCE 开始的内存单元中。运算结果要求从 RESULT 开始存放，由过程 SAVE 保存到文件 OUTPUT1.DAT 中。

请在 BEGIN 和 END 之间的源程序中填空，使其完整（空白已用横线标出，每个空白一般只需一条指令，但采用功能相当的多条指令亦可），或删除 BEGIN 和 END 之间原有的代码，并自行编程，完成所要求的功能。

对程序必须进行汇编，并与 IO.OBJ 链接产生可执行文件，最终运行程序产生结果。调试过程中，若发现程序存在错误，请加以修改。

试题程序：

```
        EXTRN       LOAD:FAR,SAVE:FAR
```

5

```
N          EQU         20

STAC       SEGMENT     STACK
           DB          128 DUP (?)
STAC       ENDS

DATA       SEGMENT
SOURCE     DW          N DUP(?)
RESULT     DW          N DUP(0)
NAME0      DB          'INPUT1.DAT',0
NAME1      DB          'OUTPUT1.DAT',0
DATA       ENDS

CODE       SEGMENT
           ASSUME      CS:CODE, DS:DATA, SS:STAC
START      PROC        FAR
           PUSH        DS
           XOR         AX,AX
           PUSH        AX
           MOV         AX,DATA
           MOV         DS,AX

           LEA         DX,SOURCE       ;数据区起始地址
           LEA         SI,NAME0        ;原始数据文件名
           MOV         CX,N*2          ;字数
           CALL        LOAD            ;从'INPUT1.DAT'中读取数据
;     **** BEGIN ****
           LEA         SI,SOURCE
           LEA         DI,RESULT
           MOV         CX,N
NEXT0:     MOV         AX,[SI]
           MOV         [DI],AX
           ADD         SI,____(1)____
                  ____(2)____
           LOOP        ____(3)____
           CLD
           MOV         BX,N-1
MAL1:      LEA         SI,RESULT
           MOV         CX,____(4)____
NEXT:      LOD____(5)____
```

```
            CMP         [SI],AX
            JAE         CONT
            XCHG        [SI],   (6)
            MOV         [SI-2],AX
CONT:       LOOP          (7)
              (8)
              (9)        MAL1
;    **** END ****
            LEA         DX,RESULT       ;结果数据区首址
            LEA         SI,NAME1        ;结果文件名
            MOV         CX,N*2          ;结果字数
            CALL        SAVE            ;保存结果到文件
            RET
START       ENDP
CODE        ENDS
            END         START
```

✯✯✯

第 4 题

请编制程序,其功能是:内存中连续存放着 24 个无符号二进制字序列,字的最高 3 位为 000,此序列对应某一信号在一段时间内的连续变化,现对第 21 个二进制字前的 20 个二进制字进行移动平均处理,其方法为:将要处理的字 X_i 用以它为开始的连续五个字的平均数 $(X_i+X_{i+1}+X_{i+2}+X_{i+3}+X_{i+4})/5$ 代替(余数舍去),得到新的 20 个无符号二进制字序列,结果存入内存。

例如:

内存中有 0100H, 0200H, 0300H, 0400H, 0500H, 0600H…

结果   0300H, 0400H…

部分程序已经给出,其中原始数据由过程 LOAD 从文件 INPUT1.DAT 中读入 SOURCE 开始的内存单元中,转换结果要求从 RESULT 开始存放,由过程 SAVE 保存到文件 OUTPUT1.DAT 中。

请填空 BEGIN 和 END 之间已经给出的一段源程序使其完整,需填空处已经用横线标出,每个空白一般只需填一条指令或指令的一部分(指令助记符或操作数),也可以填入功能相当的多条指令,或删去 BEGIN 和 END 之间原有的代码并自行编程来完成所要求的功能。

对程序必须进行汇编,并与 IO.OBJ 链接产生可执行文件,最终运行程序产生结果。调试过程中,若发现程序存在错误,请加以修改。

试题程序:

```
            EXTRN       LOAD:FAR,SAVE:FAR
```

```
N           EQU         24

STAC        SEGMENT     STACK
            DB          128 DUP (?)
STAC        ENDS


DATA        SEGMENT
SOURCE      DW          N DUP(?)                    ;顺序存放 24 个字
RESULT      DW          20 DUP(0)                   ;存放结果
NAME0       DB          'INPUT1.DAT',0
NAME1       DB          'OUTPUT1.DAT',0
DATA        ENDS


CODE        SEGMENT
            ASSUME      CS:CODE, DS:DATA, SS:STAC
START       PROC        FAR
            PUSH        DS
            XOR         AX,AX
            PUSH        AX
            MOV         AX,DATA
            MOV         DS,AX

            LEA         DX,SOURCE           ;数据区起始地址
            LEA         SI,NAME0            ;原始数据文件名
            MOV         CX,N*2              ;字节数
            CALL        LOAD                ;从'INPUT1.DAT'中读取数据
;     **** BEGIN ****
            MOV         DI,0
            MOV         SI,0
            MOV         CX,20
            MOV         BX,   (1)
AGN0:       MOV         AX,SOURCE[SI]
            PUSH        SI
            PUSH        CX
            MOV           (2)   ,    (3)
AGN1:       INC         SI
            INC         SI
            ADD         AX,SOURCE[SI]
            LOOP        AGN1
              (4)
```

```
          DIV         BX
          MOV         RESULT[DI],AX
          INC         DI
                      (5)
          POP         CX
          POP         SI
          INC         SI
                      (6)
          LOOP        AGN0
;    **** END ****
          LEA         DX,RESULT        ;结果数据区首址
          LEA         SI,NAME1         ;结果文件名
          MOV         CX,40            ;结果字节数
          CALL        SAVE             ;保存结果到文件
          RET
START     ENDP
CODE      ENDS
          END         START
```

✶✶

第 5 题

请编制程序，其功能是：内存中从 SOURCE 开始连续存放着 21 个八位有符号数（补码），其相邻两数之间差值不超过-8 至 7。对这种变化缓慢的数据可采用差分方法进行压缩。即第一个数据不变，其后的数据取与前一数据的差值并用四位二进制补码表示，两个差值拼成一个字节，前一个差值放在高四位，后一个差值放在低四位。

例如：

原数据（X[n]）：23H，27H，2AH，29H，22H…

压缩后（Y[n]）：23H，   43H，   F9H…

编程按上述方法进行压缩，结果保存在 RESULT 开始的内存单元中。

部分程序已给出，请在 BEGIN 和 END 之间的源程序中填空，使其完整（空白已用横线标出，每个空白一般只需一条指令，但采用功能相当的多条指令亦可），或删除 BEGIN 和 END 之间原有的代码，并自行编写程序，完成所要求的功能。

原始数据由过程 LOAD 从文件 INPUT1.DAT 中读入 SOURCE 开始的内存单元中，结果要求从 RESULT 开始存放，由过程 SAVE 保存到文件 OUTPUT1.DAT 中。

对程序必须进行汇编，并与 IO.OBJ 链接产生可执行文件，最终运行程序产生结果。调试过程中，若发现程序存在错误，请加以修改。

试题程序：

```
          EXTRN       LOAD:FAR,SAVE:FAR
```

```
N          EQU         10

STAC       SEGMENT     STACK
           DB          128 DUP (?)
STAC       ENDS


DATA       SEGMENT
SOURCE     DB          2*N+1   DUP(?)
RESULT     DB          N+1     DUP(0)
NAME0      DB          'INPUT1.DAT',0
NAME1      DB          'OUTPUT1.DAT',0
DATA       ENDS


CODE       SEGMENT
           ASSUME      CS:CODE, DS:DATA, SS:STAC
START      PROC        FAR
           PUSH        DS
           XOR         AX,AX
           PUSH        AX
           MOV         AX,DATA
           MOV         DS,AX
           MOV         ES,AX              ;置附加段寄存器

           LEA         DX,SOURCE          ;数据区起始地址
           LEA         SI,NAME0           ;原始数据文件名起始地址
           MOV         CX,2*N+1           ;字节数
           CALL        LOAD               ;从'INPUT1.DAT'中读取数据
;    **** BEGIN ****
           LEA         SI,SOURCE
           LEA         DI,RESULT
           CLD
           MOVSB                          ;Y[0]=X[0]
           XOR         BX,BX              ;FLAG=0
           MOV         DX,N*2             ;COUNTER
           MOV         CL,4
COMPRESS:
           LODSB
           SUB  __(1)__                   ;X[n]-X[n-1]
           __(2)__                        ;FLAG=NOT FLAG
           J__(3)__    LOW_HEX
```

```
        (4)        AL,CL
        MOV        AH,AL
        JMP        NEXT
LOW_HEX:
        (5)
        OR         AL,AH
        STOSB
NEXT:       (6)
        JNE        COMPRESS
;    **** END ****
        LEA        DX,RESULT      ;结果数据区首址
        LEA        SI,NAME1       ;结果文件名起始地址
        MOV        CX,N+1         ;字节数
        CALL       SAVE           ;保存结果到'OUTPUT1.DAT'文件中
        RET
START   ENDP
CODE    ENDS
        END        START
```

★★★

第 6 题

请编制程序，其功能是：内存中存放着 20 个 0~9 之间的数字的 ASCII 字符（包括数字 0 和 9 的 ASCII 字符）或 SP 字符（20H），请将 0~9 之间的数字的 ASCII 字符（包括数字 0 和 9 的 ASCII 字符）转换为相应的八位二进制数，并将 SP 字符转换为$字符（24H）。将按上述方法处理后得到的 20 个字节存入内存中。

例如：

内存中有   20H（'SP'），30H（'0'），31H（'1'），31H（'1'），31H（'1'），20H（'SP'），32H（'2'），…，39H（'9'）（共 20 个 ASCII 字符）

结果为   24H（'$'），00H，01H，01H，01H，24H（'$'），02H（'2'），…，09H（'9'）（共 20 个字节）

部分程序已给出，其中原始数据由过程 LOAD 从文件 INPUT1.DAT 中读入 SOURCE 开始的内存单元中。运算结果要求从 RESULT 开始存放，由过程 SAVE 保存到文件 OUTPUT1.DAT 中。

请在 BEGIN 和 END 之间的源程序中填空，使其完整（空白已用横线标出，每个空白一般只需一条指令，但采用功能相当的多条指令亦可），或删除 BEGIN 和 END 之间原有的代码，并自行编程，完成所要求的功能。

对程序必须进行汇编，并与 IO.OBJ 链接产生可执行文件，最终运行程序产生结果。调试过程中，若发现程序存在错误，请加以修改。

试题程序:

```
          EXTRN       LOAD:FAR,SAVE:FAR
N         EQU         20

STAC      SEGMENT     STACK
          DB          128 DUP (?)
STAC      ENDS

DATA      SEGMENT
SOURCE    DB          N DUP(?)
RESULT    DB          N DUP(0)
NAME0     DB          'INPUT1.DAT',0
NAME1     DB          'OUTPUT1.DAT',0
DATA      ENDS

CODE      SEGMENT
          ASSUME      CS:CODE, DS:DATA, SS:STAC
START     PROC        FAR
          PUSH        DS
          XOR         AX,AX
          PUSH        AX
          MOV         AX,DATA
          MOV         DS,AX

          LEA         DX,SOURCE       ;数据区起始地址
          LEA         SI,NAME0        ;原始数据文件名
          MOV         CX,N            ;字节数
          CALL        LOAD            ;从'INPUT1.DAT'中读取数据
;    **** BEGIN ****
          (1)
          MOV   DI, 0
          (2)
CHAN:     (3)
          SUB         AL,20H
          JZ          CHANGE
          SUB         AL,___(4)
          MOV         RESULT[DI],AL
          (5)
          (6)
```

```
              DEC       CX
              JZ        EXIT
              JMP       CHAN
    CHANGE:   MOV       RESULT[DI],24H
              INC       DI
              INC       SI
              JMP       (7)
    EXIT:     NOP
    ;    **** END ****
              LEA       DX,RESULT       ;结果数据区首址
              LEA       SI,NAME1        ;结果文件名
              MOV       CX,N            ;结果字节数
              CALL      SAVE            ;保存结果到文件
              RET
    START     ENDP
    CODE      ENDS
              END       START
```

★★★

第 7 题

请编制程序，其功能是：内存中共有 30 个字节型数据，找出其中的两个 ASCII 字符串并进行校验。要找的 ASCII 字符串由 13 个字符组成：#（23H），7 个 ASCII 字符，*（2AH），2 个 ASCII 字符，回车符（0DH），换行符（0AH）。

校验方法为：对字符#及字符*之间的 7 个 ASCII 字符进行异或操作，若异或操作结果的 ASCII 字符表示（异或操作结果高 4 位的 ASCII 字符表示在前，低 4 位的 ASCII 字符表示在后）与原字符串中字符*之后的两个 ASCII 字符相同，则将原字符串原样保存；反之，则将原字符串中的所有字符（共 13 个）均用字符！（21H）代替。

例如：

内存中有 33H，35H，23H（'#'，第一个字符串开始），46H，41H，30H，2EH，34H，
　　　　3DH，31H，2AH（'*'），32H，31H，0DH，0AH，46H，23H
　　　　（'#'，第二个字符串开始），46H，41H，30H，2EH，34H，3DH，30H，2AH
　　　　（'*'），32H，31H，0DH，0AH，55H

结果为　　23H，46H，41H，30H，2EH，34H，3DH，31H，2AH（'*'），32H，31H
　　　　（校验正确，该字符串原样保持），0DH，0AH，21H，21H，21H，21H，
　　　　21H，21H，21H，21H，21H，21H，21H，21H，21H
　　　　（校验错，整个字符串用字符'!'代替）

部分程序已给出，其中原始数据由过程 LOAD 从文件 INPUT1.DAT 中读入 SOURCE开始的内存单元中。运算结果要求从 RESULT 开始存放，由过程 SAVE 保存到文件

OUTPUT1.DAT 中。

　　请在 BEGIN 和 END 之间的源程序中填空，使其完整（空白已用横线标出，每个空白一般只需一条指令，但采用功能相当的多条指令亦可），或删除 BEGIN 和 END 之间原有的代码，并自行编程，完成所要求的功能。

　　对程序必须进行汇编，并与 IO.OBJ 链接产生可执行文件，最终运行程序产生结果。调试过程中，若发现程序存在错误，请加以修改。

　　试题程序：

```
        EXTRN       LOAD:FAR,SAVE:FAR
N       EQU         26

STAC    SEGMENT     STACK
        DB          128 DUP (?)
STAC    ENDS

DATA    SEGMENT
SOURCE  DB          N+4 DUP(?)
RESULT  DB          N DUP(0)
HH      DB          2 DUP(0)
NAME0   DB          'INPUT1.DAT',0
NAME1   DB          'OUTPUT1.DAT',0
DATA    ENDS

CODE    SEGMENT
        ASSUME      CS:CODE, DS:DATA, SS:STAC
START   PROC        FAR
        PUSH        DS
        XOR         AX,AX
        PUSH        AX
        MOV         AX,DATA
        MOV         DS,AX

        LEA         DX,SOURCE       ;数据区起始地址
        LEA         SI,NAME0        ;原始数据文件名
        MOV         CX,N+4          ;字节数
        CALL        LOAD            ;从'INPUT1.DAT'中读取数据
;    **** BEGIN ****
        MOV         SI,0
        MOV         DI,0
        MOV         BX,2            ;两个ASCII字符串
```

14

```
REPEAT:  MOV       AH,0
SEARCH:  MOV       AL,SOURCE[SI]
         INC       SI
         CMP       AL,'#'
         (1)       SEARCH
         MOV       RESULT[DI],AL
         INC       DI
SEARCH1: MOV       AL,SOURCE[SI]
         INC       SI
         CMP       AL,  (2)
         JE        ASCII
         MOV       RESULT[DI],AL
         INC       DI
         XOR       AH,AL
         JMP         (3)
ASCII:   MOV       RESULT[DI],AL
         INC       DI
         PUSH      DI
         MOV       DI,0
         MOV       DH,2
         MOV       DL,AH           ;异或结果暂存在 DL 中
         MOV       CL,4            ;先将异或结果高 4 位转换成 ASDCII 字符
         SHR       AH,CL           ;本行开始的 4 行语句将一个十六进制数转换
                                   ;  为 ASCII 码
CHANGE:  CMP       AH,10
         JL        ADD_0
         ADD       AH,'A'-'0'-10
ADD_0:   ADD       AH,'0'
         MOV       HH[DI],AH
         INC       DI
         DEC       DH
         JZ        EXT
         MOV       AH,DL           ;再将异或结果低 4 位转换成 ASDCII 字符
         AND       AH, 0FH
         JMP       CHANGE
EXT:     POP       DI
         MOV       AL,SOURCE[SI]
         MOV       RESULT[DI],AL
         INC       SI
         INC       DI
```

```
            MOV         AH,SOURCE[SI]
            MOV         RESULT[DI],AH
            INC         SI
            INC         DI
            MOV         DL,HH
            MOV         DH,HH+1
            CMP         AX,DX
            (4)         ERR
            MOV         AL,0DH              ;校验正确
            MOV         RESULT[DI],AL
            INC         DI
            MOV         AL,0AH
            MOV         RESULT[DI],AL
            INC         DI
            JMP         LP
ERR:        SUB         DI,11               ;校验正确
            MOV         AL,'!'
            MOV         CX, (5)
COVER:      MOV         RESULT[DI],AL
            INC         DI
            LOOP        COVER
LP:         (6)
            JZ          EXIT
            JMP         REPEAT
EXIT:       NOP
;   **** END ****
            LEA         DX,RESULT           ;结果数据区首址
            LEA         SI,NAME1            ;结果文件名
            MOV         CX,N                ;结果字节数
            CALL        SAVE                ;保存结果到文件
            RET
START       ENDP
CODE        ENDS
            END         START
```

★★★

第 8 题

请编制程序，其功能是：内存中连续存放着 10 个十六位二进制数，每个数的序号依次定义为 0,1,…,9。统计每个数中位为 0 的个数 N_0, N_1, …, N_9（均用一个字节表示），然后

按序将 N_0 至 N_9 存入内存中，最后再用一个字节表示这 10 个数中为 0 的位的总数 n（$n=N_0+N_1+\cdots+N_9$）。

例如：

内存中有 　　 0000H，000FH，FFFFH…

结果为 　　 10H，0CH，00H…最后为 n

部分程序已给出，其中原始数据由过程 LOAD 从文件 INPUT1.DAT 中读入 SOURCE 开始的内存单元中。运算结果要求从 RESULT 开始存放，由过程 SAVE 保存到文件 OUTPUT1.DAT 中。

请在 BEGIN 和 END 之间的源程序中填空，使其完整（空白已用横线标出，每个空白一般只需一条指令，但采用功能相当的多条指令亦可），或删除 BEGIN 和 END 之间原有的代码，并自行编程，完成所要求的功能。

对程序必须进行汇编，并与 IO.OBJ 链接产生可执行文件，最终运行程序产生结果。调试过程中，若发现程序存在错误，请加以修改。

试题程序：

```
        EXTRN       LOAD:FAR,SAVE:FAR
N       EQU         10

STAC    SEGMENT     STACK
        DB          128 DUP (?)
STAC    ENDS


DATA    SEGMENT
SOURCE  DW          N DUP(?)
RESULT  DB          N+1 DUP(0)
NAME0   DB          'INPUT1.DAT',0
NAME1   DB          'OUTPUT1.DAT',0
DATA    ENDS


CODE    SEGMENT
        ASSUME      CS:CODE, DS:DATA, SS:STAC
START   PROC        FAR
        PUSH        DS
        XOR         AX,AX
        PUSH        AX
        MOV         AX,DATA
        MOV         DS,AX

        LEA         DX,SOURCE       ;数据区起始地址
        LEA         SI,NAME0        ;原始数据文件名
```

17

```
                MOV         CX,N*2              ;字节数
                CALL        LOAD                ;从'INPUT1.DAT'中读取数据
;      **** BEGIN ****
                MOV         DI,OFFSET RESULT
                MOV         CL,N
                MOV         BX,0
                MOV         DH,0
PRO:            MOV         DL,0
                MOV         AX, SOURCE[BX]
                MOV         CH,   (1)
COUNT:          (2)
                (3)         JUMP
                INC         DL
JUMP:           DEC         CH
                JNZ         (4)
                MOV         [DI], DL
                ADD         DH,DL
                INC         DI
                ADD         (5)
                DEC         CL
                JNZ         PRO
                MOV         (6)
;      **** END ****
                LEA         DX,RESULT           ;结果数据区首址
                LEA         SI,NAME1            ;结果文件名
                MOV         CX,N+1              ;结果字节数
                CALL        SAVE                ;保存结果到文件
                RET
START           ENDP
CODE            ENDS
                END         START
```

★★

第 9 题

请编制程序，其功能是：内存中有一个由 16 个十六位二进制数组成的数组（SOURCE）和一个字变量 L。试将 L 作为逻辑尺对数组 SOURCE 进行下列处理：如 L 的第 i 位为 0，则数组的第 i 个数不变；如 L 的第 i 位为 1，则数组的第 i 个数按位取反。字 L 的位序从低到高依次为 0 至 15，数组下标依次从 0 到 15。

例如：L=0009H，数组为 139CH，89C6H，5437H，8819H…

变换为 EC63H，89C6H，5437H，77E6H…

部分程序已给出，其中原始数据由过程 LOAD 从文件 INPUT1.DAT 中读入（L 在前，SOURCE 在后）。运算结果要求从 RESULT 开始存放，由过程 SAVE 保存到文件 OUTPUT.DAT 中。

请填空 BEGIN 和 END 之间已给予出的源程序使其完整（空白已用横线标出，每个空白一般只需一条指令，但采用功能相当的多条指令亦可），或删除 BEGIN 和 END 之间原有的代码，并自行编程，完成所要求的功能。

对程序必须进行汇编，并与 IO.OBJ 链接产生可执行文件，最终运行程序产生结果。调试过程中，若发现程序存在错误，请加以修改。

试题程序：

```
        EXTRN       LOAD:FAR,SAVE:FAR
N       EQU         16


STAC    SEGMENT     STACK
        DB          128 DUP (?)
STAC    ENDS


DATA    SEGMENT
L       DW          ?
SOURCE  DW          N DUP(?)
RESULT  DW          N DUP(0)
NAME0   DB          'INPUT1.DAT',0
NAME1   DB          'OUTPUT1.DAT',0
DATA    ENDS


CODE    SEGMENT
        ASSUME      CS:CODE, DS:DATA, SS:STAC
START   PROC        FAR
        PUSH        DS
        XOR         AX,AX
        PUSH        AX
        MOV         AX,DATA
        MOV         DS,AX

        LEA         DX,L            ;数据区起始地址
        LEA         SI,NAME0        ;原始数据文件名
        MOV         CX,2*(N+1)      ;字节数
        CALL        LOAD            ;从'INPUT1.DAT'中读取数据
;   **** BEGIN ****
```

19

```
              LEA        SI, SOURCE
               (1)
              MOV        CX,N

              MOV        DX,    (2)
L0:           MOV        AX, [SI]
               (3)       L, DX
               (4)       STORE
              NOT        AX
STORE:        MOV        [DI],AX
              ADD        DI,2
              ADD        SI,2
               (5)
              LOOP       L0


;     **** END ****
              LEA        DX,RESULT        ;结果数据区首址
              LEA        SI,NAME1         ;结果文件名
              MOV        CX,2*N           ;结果字节数
              CALL       SAVE             ;保存结果到文件
              RET
START         ENDP
CODE          ENDS
              END        START
```

★★★

第 10 题

请编制程序，其功能是：计算 10 个有符号字节数据的绝对值之和（字型），并找出绝对值最大的数及其所在的偏移地址，最后将它们依次存入指定的内存区中，结果以 FFH 结束。

例如：

内存中有　　　10H, 01H, 27H, 00H, FEH, 80H, 00H, 03H, FFH, 01H

结果为　　　　BFH, 00H, 80H, 05H, 00H, FFH

部分程序已经出，其中原始数据由过程 LOAD 从文件 INPUT1.DAT 中读入 SOURCE 开始的内存单元中，转换结果要求从 RESULT 开始存放，由过程 SAVE 保存到文件 OUTPUT1.DAT 中。

请填空 BEGIN 和 END 之间已经给出的一段源程序使其完整,需填空处已经用横线标出，每个空白一般只需要填一条指令或指令的一部分（指令助记符或操作数），也可以填入功能

相当的多条指令，或删去 BEGIN 和 END 之间原有的代码并自行编码来完成所要求的功能。

对程序必须进行汇编，并与 IO.OBJ 链接产生可执行文件，最终运行程序产生结果。调试过程中，若发现程序存在错误，请加以修改。

试题程序：

```
        EXTRN       LOAD:FAR,SAVE:FAR
N       EQU         10

DSEG    SEGMENT
SOURCE  DB          N DUP(?)
RESULT  DB          6 DUP(0)
MAX     DB          ?
NAME0   DB          'INPUT1.DAT',0
NAME1   DB          'OUTPUT1.DAT',0
DSEG    ENDS

SSEG    SEGMENT     STACK
        DB          256 DUP (?)
SSEG    ENDS

CODE    SEGMENT
        ASSUME      CS: CODE, SS:SSEG, DS:DSEG
START   PROC        FAR
        PUSH        DS
        XOR         AX,AX
        PUSH        AX
        MOV         AX, DSEG
        MOV         DS,AX
        MOV         ES,AX
        LEA         DX,SOURCE
        LEA         SI,NAME0
        MOV         CX,N
        CALL        LOAD
;   **** BEGIN ****
        LEA         SI, SOURCE
        LEA         DI, RESULT
        MOV         DX,SI
        MOV         BX,0
        MOV         CX,N-1
        MOV         AL,[SI]             ;取第一个元素
```

21

```
            ADD        AL,0
            JNS        P1
                     (1)
    P1:     MOV        MAX,AL
            ADD        BL,AL
                     (2)        ,0
    GOON:   INC        SI
            MOV        AL,[SI]              ;取下一个元素
            ADD        AL,0
            JNS        P2
            NEG        AL
    P2:     ADD        BL,AL
                     (3)     ,0
            CMP        MAX,AL
            JAE              (4)
            MOV        MAX,AL
            MOV        DX,SI
    NEXT:   LOOP       GOON
            MOV        [DI],BX
            ADD        DI,2
            MOV        AL,MAX
            MOV        [DI],AL
            INC        DI
            MOV        [DI],DX
            ADD        DI,2
            MOV        BYTE PTR [DI],_____(5)
    ;   **** END ****
            LEA        DX,RESULT
            LEA        SI,NAME1
            MOV        CX,6
            CALL       SAVE
            RET
    START   ENDP
    CODE    ENDS
            END        START
```

★★

第11题

请编制程序，其功能是：以 SOURCE 开始的内存区域存放着多个字节的数据，其中有

压缩 BCD 码和其他数据。现按下列编码规则进行编码：在每个压缩 BCD 码前面加两个字节前缀代码 BEH 和 CCH，并在其后加两个字节后缀代码 DDH 和 EDH；如果不是压缩 BCD 码，则该数据前后均加两个代码 0DH 和 0EH。编码后的数据存放到 RESULT 指示的内存区域。

例如：

原信息为　　　12H, D9H, 86H, 54H…

结果为　　　　BEH, CCH, 12HG, DDH, EDH, 0DH, 0EH, D9H, 0DH, 0EH, BEH,
　　　　　　　CCH, 86H, DDH, EDH, BEH, CCH, 54H, DDH, EDH…

部分程序已给出，其中原始数据由过程 LOAD 从文件 INPUT1.DAT 中读入 SOURCE 开始的内存单元中。运算结果要求从 RESULT 开始存放，由过程 SAVE 保存到文件 OUTPUT1.DAT 中。

请在 BEGIN 和 END 之间的源程序中填空，使其完整（空白已用横线标出，每个空白一般只需一条指令，但采用功能相当的多条指令亦可），或删除 BEGIN 和 END 之间原有的代码，并自行编程，完成所要求的功能。

对程序必须进行汇编，并与 IO.OBJ 链接产生可执行文件，最终运行程序产生结果。调试过程中，若发现程序存在错误，请加以修改。

试题程序：

```
EXTRN      LOAD:FAR,SAVE:FAR
N          EQU        10

STAC       SEGMENT    STACK
           DB         128 DUP(?)
STAC       ENDS


DATA       SEGMENT
SOURCE     DB         N DUP(?)
RESULT     DW         5*N DUP(0)
NAME0      DB         'INPUT1.DAT',0
NAME1      DB         'OUTPUT1.DAT',0
DATA       ENDS


CODE       SEGMENT
           ASSUME     CS:CODE, DS:DATA, SS:STAC
START      PROC       FAR
           PUSH       DS
           XOR        AX,AX
           PUSH       AX
           MOV        AX,DATA
           MOV        DS,AX
```

```
              MOV        ES,AX                          ;置附加段寄存器

              LEA        DX,SOURCE                      ;数据区起始地址
              LEA        SI,NAME0                       ;原始数据文件名
              MOV        CX,N                           ;字节数
              CALL       LOAD                           ;从'INPUT1.DAT'中读取数据
;    **** BEGIN ****
              LEA        SI, SOURCE
              MOV        DI,OFFSET RESULT
              MOV        CX,N
CLP1:         MOV        AL,[SI]
              MOV        BL,AL
              MOV        AH,AL
                         (1)
              AND        AL, 0F0H
                         (2)
              MOV        CL,4
                         (3)
              POP        CX
              CMP             (4)
              JA         CLP2
              CMP        AH,9
              JA         CLP2
              MOV             (5)
              INC        DI
              MOV        BYTE PTR[DI],0CCH
              INC        DI
              MOV        BYTE PTR[DI],BL
              INC        DI
              MOV        BYTE PTR[DI],0DDH
              INC        DI
              MOV        BYTE PTR[DI],0EDH
              JMP        CLP3
CLP2:         MOV        BYTE PTR[DI],0DH
              INC        DI
              MOV        BYTE PTR[DI],0EH
              INC        DI
              MOV        BYTE PTR[DI],BL
              INC        DI
              MOV        BYTE PTR[DI],0DH
```

24

```
        INC         DI
        MOV         BYTE PTR[DI],0EH
CLP3:   INC         SI
        INC         DI
                ___(6)___
;    **** END ****
        LEA         DX,RESULT              ;结果数据区首址
        LEA         SI,NAME1               ;结果文件名起始地址
        MOV         CX,5*N                 ;字节数
        CALL        SAVE                   ;保存结果到'OUTPUT1.DAT'文件中
        RET
START   ENDP
CODE    ENDS
        END         START
```

☆☆

第 12 题

请编制程序，其功能是：内存中连续存放的 20 个八位无符号数是一个自动抄表仪抄录的 20 个用户某月的用水量（立方米），为了控制用水量，水费计算公式如下（X 表示用水量；Y 表示水费，单位为分）：

a) $Y=X*70$ X
b) $Y=X*100$ $5<X<=20$
c) $Y=X*150$ $X>20$

例如：
用水量（X）：   04H，10H，18H…
水费（Y）：   0118H，0640H，0E10H…
试计算出这 10 个用户应缴纳的水费，结果用字（word）表示。

部分程序已给出，请在 BEGIN 和 END 之间的源程序中填空，使其完整（空白已用横线标出，每个空白一般只需一条指令，但采用功能相当的多条指令亦可）或删除 BEGIN 和 END 之间原有的代码，并自行编写程序，完成所要求的功能。

原始数据由过程 LOAD 从文件 INPUT1.DAT 中读入 SOURCE 开始的内存单元中，结果要求从 RESULT 开始存放，由过程 SAVE 保存到文件 OUTPUT1.DAT 中。

对程序必须进行汇编，并与 IO.OBJ 链接产生可执行文件，最终运行程序产生结果。调试过程中，若发现程序存在错误，请加以修改。

试题程序：

```
        EXTRN       LOAD:FAR,SAVE:FAR
N       EQU         20
```

```
STAC      SEGMENT     STACK
          DB          128 DUP(?)
STAC      ENDS

DATA      SEGMENT
SOURCE    DB          N DUP(?)
RESULT    DW          N DUP(0)
NAME0     DB          'INPUT1.DAT',0
NAME1     DB          'OUTPUT1.DAT',0
DATA      ENDS

CODE      SEGMENT
          ASSUME      CS:CODE, DS:DATA, SS:STAC
START     PROC        FAR
          PUSH        DS
          XOR         AX,AX
          PUSH        AX
          MOV         AX,DATA
          MOV         DS,AX

          LEA         DX,SOURCE      ;数据区起始地址
          LEA         SI,NAME0       ;原始数据文件名起始地址
          MOV         CX,N           ;字节数
          CALL        LOAD           ;从'INPUT1.DAT'中读取数据
;    **** BEGIN ****
          LEA         SI, SOURCE
          LEA         DI, RESULT
          CLD
          MOV         CX,N
          MOV         BL,70
          MOV         BH,100
          MOV         DL,150
NEXT:         (1)
          CMP         AL,5
          J   (2)     GT5
                  (3)
          JMP         STORE
GT5:      CMP         AL,20
          J   (4)     GT20
```

```
                (5)
        JMP         STORE
GT20:               (6)
STORE:      MOV     [DI],AX
                (7)
                (8)
 LOOP       NEXT
;    **** END ****
        LEA     DX,RESULT       ;结果数据区首址
        LEA     SI,NAME1        ;结果文件名起始地址
        MOV     CX,N*2          ;字节数
        CALL    SAVE            ;保存结果到'OUTPUT1.DAT'文件中
        RET
START   ENDP
CODE    ENDS
        END     START
```

✱✱✱

第 13 题

请编制程序，其功能是：内存中连续存放的 20 个八位无符号数是一个自动抄表示抄录的 20 个用户某月的用水量（立方米），为了控制用水量，水费计算公式如下（X 表示用水量；Y 表示水费，单位为分）：

a) $Y=X*70$ $X<=10$

b) $Y=10*70+(X-10)*120$ $X>10$

例如：

用水量（X）：   04H, 0FH, 18H…

水费（Y）：   0118H, 0514H, 094CH…

试计算出这 20 个用户应缴纳的水费，结果用字（word）表示。

部分程序已给出，请在 BEGIN 和 END 之间的源程序中填空，使其完整（空白已用横线标出，每个空白一般只需一条指令，但采用功能相当的多条指令亦可），或删除 BEGIN 和 END 之间原有的代码，并自行编写程序，完成所要求的功能。

原始数据由过程 LOAD 从文件 INPUT1.DAT 中读入 SOURCE 开始的内存单元中，结果要求从 RESULT 开始存放，由过程 SAVE 保存到文件 OUTPUT1.DAT 中。

对程序必须进行汇编，并与 IO.OBJ 链接产生可执行文件，最终运行程序产生结果。调试过程中，若发现程序存在错误，请加以修改。

试题程序：

```
        EXTRN       LOAD:FAR,SAVE:FAR
```

```
N           EQU         20
RATE1       EQU         70
RATE2       EQU         120
DELTA       EQU         10


STAC        SEGMENT     STACK
            DB          128 DUP(?)
STAC        ENDS


DATA        SEGMENT
SOURCE      DB          N DUP(?)
RESULT      DW          N DUP(0)
NAME0       DB          'INPUT1.DAT',0
NAME1       DB          'OUTPUT1.DAT',0
DATA        ENDS


CODE        SEGMENT
            ASSUME      CS:CODE, DS:DATA, SS:STAC
START       PROC        FAR
            PUSH        DS
            XOR         AX,AX
            PUSH        AX
            MOV         AX,DATA
            MOV         DS,AX


            LEA         DX,SOURCE       ;数据区起始地址
            LEA         SI,NAME0        ;原始数据文件名起始地址
            MOV         CX,N            ;字节数
            CALL        LOAD            ;从'INPUT1.DAT'中读取数据
;   **** BEGIN ****
            LEA         SI, SOURCE
            LEA         DI, RESULT
            CLD
            MOV         CX,N
            MOV         BL,RATE1
            MOV         BH,RATE2
NEXT:           (1)
            CMP         AL,DELTA
            J   (2)     GREAT
            MUL         BL
```

```
        JMP         STORE
GREAT:      (3)
        MUL         BH
            (4)
STORE:      (5)
            (6)
        INC         SI
        LOOP        NEXT
;    **** END ****
        LEA         DX,RESULT        ;结果数据区首址
        LEA         SI,NAME1         ;结果文件名起始地址
        MOV         CX,N*2           ;字节数
        CALL        SAVE             ;保存结果到'OUTPUT1.DAT'文件中
        RET
START   ENDP
CODE    ENDS
        END         START
```

****

第 14 题

请编制程序，其功能是：对一个由可打印 ASCII 字符（ASCII 值为 20H~7FH）组成的字符串可采用下列方法进行压缩：从串首开始向后扫描，如某字符单独出现则该字符不变，如某字符连续出现 n 次，则该字符用 ESC（1BH），n，<原字符>三个字节来代替（假定 n 不超过 255）。

例如：

原串：　41H, 43H, 43H, 43H, 43H, 43H, 43H, 61H, 00H（"ACCCCCCa"）

压缩后：41H, 1BH, 06H, 43H, 61H, 00H

设内存中从 SOURCE 开始有一字符串，其以 00H 结束，长度不超过 100。试编程对其进行压缩，结果存入 RESULT 开始的内存单元。

部分程序已给出，请在 BEGIN 和 END 之间的源程序中填空，使其完整（空白已用横线标出，每个空白一般只需一条指令，但采用功能相当的多条指令亦可），或删除 BEGIN 和 END 之间原有的代码，并自行编写程序，完成所要求的功能。

原始数据由过程 LOAD 从文件 INPUT1.DAT 中读入 SOURCE 开始的内存单元中，结果要求从 RESULT 开始存放，由过程 SAVE 保存到文件 OUTPUT1.DAT 中。

对程序必须进行汇编，并与 IO.OBJ 链接产生可执行文件，最终运行程序产生结果。调试过程中，若发现程序存在错误，请加以修改。

试题程序：

```
        EXTRN       LOAD:FAR,SAVE:FAR
```

```
N           EQU         100
ESC_CODE EQU            27


STAC        SEGMENT     STACK
            DB          128 DUP(?)
STAC        ENDS


DATA        SEGMENT
SOURCE      DB          N DUP(0)
RESULT      DB          N DUP(0)
NAME0       DB          'INPUT1.DAT',0
NAME1       DB          'OUTPUT1.DAT',0
DATA        ENDS


CODE        SEGMENT
            ASSUME      CS:CODE, DS:DATA, SS:STAC
START       PROC        FAR
            PUSH        DS
            XOR         AX,AX
            PUSH        AX
            MOV         AX,DATA
            MOV         DS,AX
            MOV         ES,AX           ;置附加段寄存器

            LEA         DX,SOURCE       ;数据区起始地址
            LEA         SI,NAME0        ;原始数据文件名起始地址
            MOV         CX,N            ;字节数
            CALL        LOAD            ;从'INPUT1.DAT'中读取数据
;    **** BEGIN ****
            LEA         SI, RESULT
            LEA         DI, SOURCE
            CLD
L0:                     (1)
            CMP         AL,0
            JE          QUIT
            XOR         CL,CL
L1:         INC         CL
            INC         DI
            CMP                 (2)
            JE          L1
```

```
        CMP         CL,1
        J____(3)    COMPRESS
        MOV         [SI],AL
        INC         SI
        JMP            (4)
COMPRESS:MOV         [SI],BYTE PTR ESC_CODE
        MOV         [SI+1],CL
        MOV         [SI+2],AL
            (5)
        JMP         L0
QUIT:
        MOV         [SI],AL         ;STORE THE '00H'
;   **** END ****
        LEA         DX,RESULT       ;结果数据区首址
        LEA         SI,NAME1        ;结果文件名起始地址
        MOV         CX,N            ;字节数
        CALL        SAVE            ;保存结果到'OUTPUT1.DAT'文件中
        RET
START   ENDP
CODE    ENDS
        END         START
```

★★★

第 15 题

请编制程序，其功能是：对一个由可打印 ASCII 字符（ASCII 值为 20H~7FH）组成的字符串可采用下列方法进行压缩：从串首开始向后扫描，如某字符单独出现则该字符不变，如某字符连续出现 n 次，则该字符用 ESC（1BH），n，<原字符>三个字节来代替（假定 n 不超过 255）。

现假设内存中从 SOURCE 开始有一用上述方法压缩的字符串，其以 00H 结束，解压后长度不超过 100。试编程对其解压缩，结果存入 RESULT 开始的内存单元。例如：

原串：　　　41H, 1BH, 06H, 43H, 61H, 00H

解压后：　　41H, 43H, 43H, 43H, 43H, 43H, 43H, 61H, 00H（"ACCCCCCa"）

部分程序已给出，请在 BEGIN 和 END 之间的源程序中填空，使其完整（空白已用横线标出，每个空白一般只需一条指令，但采用功能相当的多条指令亦可），或删除 BEGIN 和 END 之间原有的代码，并自行编写程序，完成所要求的功能。

原始数据由过程 LOAD 从文件 INPUT1.DAT 中读入 SOURCE 开始的内存单元中，结果要求从 RESULT 开始存放，由过程 SAVE 保存到文件 OUTPUT1.DAT 中。

对程序必须进行汇编，并与 IO.OBJ 链接产生可执行文件，最终运行程序产生结果。调试过程中，若发现程序存在错误，请加以修改。

试题程序:

```
          EXTRN       LOAD:FAR,SAVE:FAR
N         EQU         100
ESC_CODE  EQU         27

STAC      SEGMENT     STACK
          DB          128 DUP(?)
STAC      ENDS

DATA      SEGMENT
SOURCE    DB          N DUP(?)
RESULT    DB          N DUP(0)
NAME0     DB          'INPUT1.DAT',0
NAME1     DB          'OUTPUT1.DAT',0
DATA      ENDS

CODE      SEGMENT
          ASSUME      CS:CODE, DS:DATA, SS:STAC
START     PROC        FAR
          PUSH        DS
          MOV         AX,0
          PUSH        AX
          MOV         AX,DATA
          MOV         DS,AX
          MOV         ES,AX           ;置附加段寄存器

          LEA         DX,SOURCE       ;数据区起始地址
          LEA         SI,NAME0        ;原始数据文件名起始地址
          MOV         CX,N            ;字节数
          CALL        LOAD            ;从'INPUT1.DAT'中读取数据
;    **** BEGIN ****
          LEA         SI,SOURCE
          LEA         DI,RESULT
          CLD
L0:       LODSB
          CMP         AL,0
          JE          QUIT
          CMP         AL,ESC_CODE
          J___(1)     EXPAND
```

```
              (2)
      JMP        L0
EXPAND: XOR      CX,CX
            （3）          ;取 n
      INC      SI
            （4）          ;取原字符
            （5）          ;存 n 个原字符
            （6）          ;继续循环
      JMP      L0
QUIT:
      STOSB                    ;STORE THE '00H'
;    **** END ****
      LEA      DX,RESULT      ;结果数据区首址
      LEA      SI,NAME1       ;结果文件名起始地址
      MOV      CX,N           ;字节数
      CALL     SAVE           ;保存结果到"output1.dat"文件中
      RET
START  ENDP
CODE   ENDS
      END      START
```

★★

第 16 题

请编制程序，其功能是：对经常上下波动的数据可采用只记录峰值的数据压缩方法。即每次将采样到的当前值和前一次值比较，如数据变化方向改变（原变大现实小或原变小现变大），说明已过峰值，这时就将前一值（峰值）记录下来。

例如（下例数据均为无符号数）：

原数据：23H, 45H, 89H, 67H, 5CH, 36H, 3CH…

压缩后：23H, 89H, 36H…

内存中从 SOURCE 连续存放着 48 个八位无符号数，假定无相邻两数相等的情况，编程按上述方法进行压缩，结果保存在 RESULT 开始的内存单元中。

部分程序已给出，请在 BEGIN 和 END 之间的源程序中填空，使其完整（空白已用横线标出，每个空白一般只需一条指令，但采用功能相当的多条指令亦可），或删除 BEGIN 和 END 之间原有的代码，并自行编写程序，完成所要求的功能。

原始数据由过程 LOAD 从文件 INPUT1.DAT 中读入 SOURCE 开始的内存单元中，结果要求从 RESULT 开始存放，由过程 SAVE 保存到文件 OUTPUT1.DAT 中。

对程序必须进行汇编，并与 IO.OBJ 链接产生可执行文件，最终运行程序产生结果。调试过程中，若发现程序存在错误，请加以修改。

试题程序：

33

```
        EXTRN       LOAD:FAR,SAVE:FAR
N       EQU         40

STAC    SEGMENT     STACK
        DB          128 DUP(?)
STAC    ENDS

DATA    SEGMENT
SOURCE  DB          N DUP(?)
RESULT  DB          N DUP(0)
NAME0   DB          'INPUT1.DAT',0
NAME1   DB          'OUTPUT1.DAT',0
DATA    ENDS

CODE    SEGMENT
        ASSUME      CS:CODE, DS:DATA, SS:STAC
START   PROC        FAR
        PUSH        DS
        XOR         AX,AX
        PUSH        AX
        MOV         AX,DATA
        MOV         DS,AX
        MOV         ES,AX           ;置附加段寄存器

        LEA         DX,SOURCE       ;数据区起始地址
        LEA         SI,NAME0        ;原始数据文件名起始地址
        MOV         CX,N            ;字节数
        CALL        LOAD            ;从'INPUT1.DAT'中读取数据
;   **** BEGIN ****
        LEA         SI,SOURCE
        LEA         DI,RESULT
        CLD
        MOVSB                       ;Y[0]=X[0]
        XOR         AX,AX
        XOR         BX,BX
LODSB
        MOV         BL,[SI-2]
        SUB         AX,AX           ;X[1]-X[0]
        MOV         DX,AX
```

```
            MOV         CX,N-2
FILTER:
            XOR         AX,AX
            XOR         BX,BX
            LODSB                        ;X[n]
            MOV         BL,[SI-2]        ;X[n-1]
            SUB         AX,BX            ;X[n]-X[n-1]
            _____(1)_____             ;相邻两差值（AX,DX）符号位是否相同
              _____(2)_____
            J___(3)___   SKIP           ;相同,数据方向未变
            _____(4)_____             ;不同，方向变化，保存峰值
            STOSB
SKIP:        _____(5)_____
            LOOP        FILTER
;    **** END ****
            LEA         DX,RESULT        ;数据区起始地址
            LEA         SI,NAME1         ;结果文件名起始地址
            MOV         CX,N             ;字节数
            CALL        SAVE             ;保存结果到'OUTPUT1.DAT'文件中
            RET
START       ENDP
CODE        ENDS
            END         START
```

★★★

第 17 题

请编制程序，其功能是：从 10 个有符号字节数据中取出负数并计算其绝对值之和（字型），然后存放在指定的内存区中，多余的空间填 0。

例如：

内存中有　　80H, 01H, 02H, 00H, FFH, 7CH, FEH, 7BH, FDH, 81H

结果为　　　80H, FFH, FEH, FDH, 81H, 05H, 01H, 00H, 00H, 00H

部分程序已经给出，其中原始数据由过程 LOAD 从文件 INPUT1.DAT 中读入 SOURCE 开始的内存单元中，转换结果要求从 RESULT 开始存放，由过程 SAVE 保存到文件 OUTPUT1.DAT 中。

请填空 BEGIN 和 END 之间已经给出的一段源程序使其完整，需填空处已经用横线标出，每个空白一般只需要填一条指令或指令的一部分（指令助记符或操作数），也可以填入功能相当的多条指令，或删去 BEGIN 和 END 之间原有的代码并自行编写程序段来完成所要求的功能。

对程序必须进行汇编，并与 IO.OBJ 链接产生可执行文件，最终运行程序产生结果。调

试过程中，若发现程序存在错误，请加以修改。

试题程序：

```
            EXTRN       LOAD:FAR,SAVE:FAR
N           EQU         10

DSEG        SEGMENT
SOURCE      DB          N DUP(?)
RESULT      DB          N DUP(0)
NAME0       DB          'INPUT1.DAT',0
NAME1       DB          'OUTPUT1.DAT',0
DSEG        ENDS

SSEG        SEGMENT STACK
            DB          256 DUP(?)
SSEG        ENDS

CSEG        SEGMENT
            ASSUME      CS:CSEG, SS:SSEG, DS:DSEG
START       PROC        FAR
            PUSH        DS
            XOR         AX,AX
            PUSH        AX
            MOV         AX,DSEG
            MOV         DS,AX
            MOV         ES,AX

            LEA         DX,SOURCE
            LEA         SI,NAME0
            MOV         CX,N
            CALL        LOAD
;    **** BEGIN ****
            LEA         SI,SOURCE
            LEA         DI,RESULT
            MOV         DX,0
            MOV         CX,N
            CLD
CONT:       LODSB
                 (1)
            JGE              (2)
```

```
        MOV     [DI],AL
        INC     DI
                (3)
        ADD     DL,AL
                (4)
NEXT:   LOOP    CONT
        MOV     [DI],DX
        ADD     DI,2
        MOV     CX,20
        SUB     CX,DI
        MOV     AL,0
                (5)
;       **** END ****
        LEA     DX,RESULT
        LEA     SI,NAME1
        MOV     CX,N
        CALL    SAVE
        RET
START   ENDP
CSEG    ENDS
        END     START
```

☆☆

第 18 题

请编制程序，其功能是：从 SOURCE 开始的内存区域存放着 20 个字节的信息，其中有 ASCII 字符和汉字机内码。若一个字节中最高位为 0，则表示 ASCII 字符，若连续两个字节的每个字节最高位均为 1，则为汉字机内码（表示一个汉字）。将 ASCII 字符个数存入 RESULT 指示的单元，表示汉字的个数存入下一个单元，其后存放原来 20 个字节的信息。

例如：

内存中有　　30H, 38H, 89H, A9H, E0H, 97H, 61H, 4AH

结果为　　　04H, 02H, 30H, 38H, 89H, A9H, E0H, 97H, 61H, 4AH

部分程序已经给出，其中原始数据由过程 LOAD 从文件 INPUT1.DAT 中读入 SOURCE 开始的内存单元中，转换结果要求从 RESULT 开始存放，由过程 SAVE 保存到文件 OUTPUT1.DAT 中。

请填空 BEGIN 和 END 之间已经给出的一段源程序使其完整，需填空处已经用横线标出，每个空白一般只需要填一条指令或指令的一部分（指令助记符或操作数），也可以填入功能相当的多条指令，或删去 BEGIN 和 END 之间原有的代码并自行编程来完成所要求的功能。

对程序必须进行汇编，并与 IO.OBJ 链接产生可执行文件，最终运行程序产生结果。调试过程中，若发现程序存在错误，请加以修改。

试题程序:

```
            EXTRN       LOAD:FAR,SAVE:FAR
N           EQU         20
ESC_CODE EQU            27

STAC     SEGMENT     STACK
            DB          128 DUP (?)
STAC     ENDS

DATA     SEGMENT
SOURCE      DB          N DUP(0)
RESULT      DB          N+2 DUP(0)
NAME0       DB          'INPUT1.DAT',0
NAME1       DB          'OUTPUT1.DAT',0
DATA     ENDS

CODE     SEGMENT
            ASSUME      CS:CODE, DS:DATA, SS:STAC
START    PROC        FAR
            PUSH        DS
            XOR         AX,AX
            PUSH        AX
            MOV         AX,DATA
            MOV         DS,AX
            MOV         ES,AX              ;置附加段寄存器

            LEA         DX,SOURCE          ;数据区起始地址
            LEA         SI,NAME0        .  ;原始数据文件名
            MOV         CX,N               ;字节数
            CALL        LOAD               ;从'INPUT1.DAT'中读取数据
;    **** BEGIN ****
            LEA         SI,SOURCE
            MOV         DI,OFFSET RESULT
            MOV         CX,N
            MOV         DX,0               ;ASCII 字符个数在 DL 中;
                                           ;汉字个数在 DH 中;
LPST:    MOV         AL,[SI]
            MOV         [DI+2],AL
            (1)         AL,80H
```

```
            JZ          LASCII
            INC         SI
                    (2)
            DEC         CX
            JZ              (3)
            MOV         AL,[SI]
            MOV         [DI+2],AL
            TEST        AL,80H
            JZ              (4)
            INC         DH
            JMP         LPCOM1
LASCII:         (5)
LPCOM1: INC         SI
            INC         DI
            LOOP        LPST
REST11: LEA         DI,RESULT
            MOV             (6)    ,DL
            INC         DI
            MOV         [DI],    (7)
;    **** END ****
            LEA         DX,RESULT       ; 结果数据区首址
            LEA         SI,NAME1        ; 结果文件名起始地址
            MOV         CX,N+2          ; 字节数
            CALL        SAVE            ; 保存结果到'OUTPUT1.DAT'文件中
            RET
START   ENDP
CODE    ENDS
            END         START
```

★★

第 19 题

请编制程序，其功能是：一故障报警系统连续采集 20 个字节数据存于 SOURCE 开始的内存区域，如果数据字节中有二进制位 0（0 代表有故障），则记录该数据字节中 0 的个数，并按数据字节在前，0 的个数在后的顺序存放到 RESULT 开始的内存区域。

例如：

内存中有　　FEH, 90H, FFH, DDH…

结果为　　　FEH, 01H, 90H, 06H, FFH, 00H, DDH, 02H…

部分程序已经给出，其中原始数据由过程 LOAD 从文件 INPUT1.DAT 中读入 SOURCE 开始的内存单元中，转换结果要求从 RESULT 开始存放，由过程 SAVE 保存到文件

OUTPUT1.DAT 中。

请填空 BEGIN 和 END 之间已经给出的一段源程序使其完整,需填空处已经用横线标出,每个空白一般只需要填一条指令或指令的一部分（指令助记符或操作数），也可以填入功能相当的多条指令，或删去 BEGIN 和 END 之间原有的代码并自行编程来完成所要求的功能。

对程序必须进行汇编，并与 IO.OBJ 链接产生可执行文件，最终运行程序产生结果。调试过程中，若发现程序存在错误，请加以修改。

试题程序：

```
          EXTRN        LOAD:FAR,SAVE:FAR
N         EQU          20
ESC_CODE  EQU          27

STAC      SEGMENT      STACK
          DB           128 DUP (?)
STAC      ENDS


DATA      SEGMENT
SOURCE    DB           N DUP(0)
RESULT    DB           N*2 DUP(0)
NAME0     DB           'INPUT1.DAT',0
NAME1     DB           'OUTPUT1.DAT',0
DATA      ENDS


CODE      SEGMENT
          ASSUME       CS:CODE, DS:DATA, SS:STAC
START     PROC         FAR
          PUSH         DS
          XOR          AX,AX
          PUSH         AX
          MOV          AX,DATA
          MOV          DS,AX
          MOV          ES,AX           ;置附加段寄存器

          LEA          DX,SOURCE       ;数据区起始地址
          LEA          SI,NAME0        ;原始数据文件名
          MOV          CX,N            ;字节数
          CALL         LOAD            ;从'INPUT1.DAT'中读取数据
;    **** BEGIN ****
          LEA          SI,SOURCE
          MOV          DI,OFFSET RESULT
```

```
              CLD
              MOV       DL,N                ;字节数计数器 DL
     LP1:              (1)
              MOV       [DI],AL
              MOV       CX,    (2)
              MOV       DH,0                ;DH 记录 0 的个数
     LP2:     (3)       AL,1
              JC                 (4)
              INC       DH
     LP3:     (5)       LP2
              INC       DI
              MOV       [DI],    (6)
                      (7)
              INC       DI
                     (8)
              JNZ              (9)
;    **** END ****
              LEA       DX,RESULT           ; 结果数据区首址
              LEA       SI,NAME1            ; 结果文件名起始地址
              MOV       CX,N*2              ; 字节数
              CALL      SAVE                ; 保存结果到'OUTPUT1.DAT'文件中
              RET
     START    ENDP
     CODE     ENDS
              END       START
```

★★★

第 20 题

请编制程序，其功能是：有一抄表系统采集的数据中包括 8 位的窃水状态字节（一个字节记录 4 块水表状态），格式为：

D7 D6 D5 D4 D3 D2 D1 D0

S4 S3 S2 S1 X4 X3 X2 X1

其中 Si,Xi（i=1,2,3,4）分别表示第 i 块水表短路和断路状态位，1 表示有短路或断路情况发生（表示有偷水情况），现共采集了 5 个字节的窃水状态，如果有窃水情况，则记录在 RESULT 中，记录格式为：表号，状态，表号，状态……没有短断路，则记录 E0E，断路记录 E1H，短路记录 E2H，如 01H, E1H, 02H, E0H, 03H, E2H, 04H, E0H 表示第一块表断路，第二块表无窃水状态，第三块表短路，第四块表也无窃水发生。

例如：

内存中有   83H…

41

结果为　　　　01H, E1H, 02H, E1H, 03H, E0H, 04H, E2H…

部分程序已经给出，其中原始数据由过程 LOAD 从文件 INPUT1.DAT 中读入 SOURCE 开始的内存单元中，转换结果要求从 RESULT 开始存放，由过程 SAVE 保存到文件 OUTPUT1.DAT 中。

请填空 BEGIN 和 END 之间已经给出的一段源程序使其完整，需填空处已经用横线标出，每个空白一般只需要填一条指令或指令的一部分（指令助记符或操作数），也可以填入功能相当的多条指令，或删去 BEGIN 和 END 之间原有的代码并自行编程来完成所要求的功能。

对程序必须进行汇编，并与 IO.OBJ 链接产生可执行文件，最终运行程序产生结果。调试过程中，若发现程序存在错误，请加以修改。

试题程序：

```
        EXTRN       LOAD:FAR,SAVE:FAR
N       EQU         5
ESC_CODE EQU        27

STAC    SEGMENT     STACK
        DB          128 DUP (?)
STAC    ENDS

DATA    SEGMENT
SOURCE  DB          N DUP(0)
RESULT  DB          N*8 DUP(0)
NAME0   DB          'INPUT1.DAT',0
NAME1   DB          'OUTPUT1.DAT',0
DATA    ENDS

CODE    SEGMENT
        ASSUME      CS:CODE, DS:DATA, SS:STAC
START   PROC        FAR
        PUSH        DS
        XOR         AX,AX
        PUSH        AX
        MOV         AX,DATA
        MOV         DS,AX
        MOV         ES,AX           ;置附加段寄存器

        LEA         DX,SOURCE       ;数据区起始地址
        LEA         SI,NAME0        ;原始数据文件名
        MOV         CX,N            ;字节数
        CALL        LOAD            ;从'INPUT1.DAT'中读取数据
```

```
;    **** BEGIN ****
        LEA      SI,SOURCE
        MOV      DI,OFFSET RESULT
        MOV      DH,N
LPM:    MOV      AL,[SI]
        MOV      BL,AL
        INC      SI
        MOV      CL,  (1)
        SHR      BL,CL
        MOV      CX,4
        MOV      BH,0
LP0:    SHR      AL,1              ;BH 放水表号
        INC      BH
        MOV      [DI],BH
             (2)
        JC       LP1
        SHR      BL,1
        JC       LP2
        MOV      DL,0E0H
        JMP      LPCOM
LPLP:   LOOP     (3)
        JMP      RET1
LP1:    SHR      BL,1
        MOV      DL,  (4)
        JMP      LPCOM
LP2:    MOV      DL,0E2H
LPCOM:  MOV      [DI],DL
             (5)
        JMP      LPLP
RET1:   DEC      DH
        (6)      LPM
;    **** END ****
        LEA      DX,RESULT    ; 结果数据区首址
        LEA      SI,NAME1     ; 结果文件名起始地址
        MOV      CX,N*8       ; 字节数
        CALL     SAVE         ; 保存结果到'output1.dat'文件中
        RET
START   ENDP
CODE    ENDS
        END      START
```

☆☆

第 21 题

请编制程序，其功能是：以 SOURCE 开始的内存区域存放着若干字节的数据，以'#'作为数据的结束标志。将其中的空格滤除，对每个非空格数据的最高位清 0 后依次存放到 RESULT 指示的区域，其后存放一个空格符（20），然后存放原来的空格个数，最后仍以'#'结束。

例如：

内存中有　　　　45H, 20H, 87H, 20H, A5H, 32H, 20H, 20H, 20H, 23H

结果为　　　　　45H, 07H, 25H, 32H, 20H, 05H, 23H

部分程序已经给出，其中原始数据由过程 LOAD 从文件 INPUT1.DAT 中读入 SOURCE 开始的内存单元中，转换结果要求从 RESULT 开始存放，由过程 SAVE 保存到文件 OUTPUT1.DAT 中。

请填空 BEGIN 和 END 之间已经给出的一段源程序使其完整，需填空处已经用横线标出，每个空白一般只需要填一条指令或指令的一部分（指令助记符或操作数），也可以填入功能相当的多条指令，或删去 BEGIN 和 END 之间原有的代码并自行编程来完成所要求的功能。

对程序必须进行汇编，并与 IO.OBJ 链接产生可执行文件，最终运行程序产生结果。调试过程中，若发现程序存在错误，请加以修改。

试题程序：

```
            EXTRN       LOAD:FAR,SAVE:FAR
N           EQU         20
ESC_CODE EQU           27

STAC        SEGMENT     STACK
            DB          128 DUP (?)
STAC        ENDS

DATA        SEGMENT
SOURCE      DB          N DUP(?)
RESULT      DB          N DUP(0)
NAME0       DB          'INPUT1.DAT',0
NAME1       DB          'OUTPUT1.DAT',0
DATA        ENDS

CODE        SEGMENT
            ASSUME      CS:CODE,DS:DATA,SS:STAC
START       PROC        FAR
            PUSH        DS
            XOR         AX,AX
```

```
          PUSH        AX
          MOV         AX,DATA
          MOV         DS,AX
          MOV         ES,AX              ;置附加段寄存器

          LEA         DX,SOURCE          ;数据区起始地址
          LEA         SI,NAME0           ;原始数据文件名
          MOV         CX,N               ;字节数
          CALL        LOAD               ;从'INPUT1.DAT'中读取数据
;    **** BEGIN ****
          LEA         SI,SOURCE
          MOV         DI,OFFSET RESULT
          XOR         BL,BL
AGN1:     MOV         AL,[SI]
          INC         SI
          CMP         AL,' '
          JE            (1)
          JMP         AGN2
AGN11:    INC         BL
          JMP         AGN1
AGN2:     CMP         AL,    (2)
          JE          DONE
          AND         AL,7FH
          MOV         [DI],AL
                 (3)
                 (4)
DONE:     MOV         AL,    (5)
          MOV         [DI],AL
          INC         DI
          MOV         [DI],BL
          INC         DI
          MOV         AL,'#'
          MOV           (6)      ,AL
;    **** END ****
          LEA         DX,RESULT          ; 结果数据区首址
          LEA         SI,NAME1           ; 结果文件名起始地址
          MOV         CX,N               ; 字节数
          CALL        SAVE               ; 保存结果到'OUTPUT1.DAT'文件中
          RET
START     ENDP
```

```
CODE    ENDS
        END     START
```

★★

第 22 题

请编制程序，其功能是：内存中连续存放着 9 个 ASCII 字符（8 位二进数表示，最高位为零），把它们转换成串行通讯中的偶校验码，并计算 9 个偶校验码的累加码（累加值的低 8 位二进制数），将 9 个偶校验码按原序存入内存，累加码存放在此序最后。

例如：

内存中有： 37H, 38H, 39H…

结果为 B7H, B8H, 39H…累加码

部分程序已经给出，其中原始数据由过程 LOAD 从文件 INPUT1.DAT 中读入 SOURCE 开始的内存单元中，转换结果要求从 RESULT 开始存放，由过程 SAVE 保存到文件 OUTPUT1.DAT 中。

请填空 BEGIN 和 END 之间已经给出的一段源程序使其完整，需填空处已经用横线标出，每个空白一般只需要填一条指令或指令的一部分（指令助记符或操作数），也可以填入功能相当的多条指令，或删去 BEGIN 和 END 之间原有的代码并自行编程来完成所要求的功能。

对程序必须进行汇编，并与 IO.OBJ 链接产生可执行文件，最终运行程序产生结果。调试过程中，若发现程序存在错误，请加以修改。

试题程序：

```
        EXTRN   LOAD:FAR,SAVE:FAR
N       EQU     10

STAC    SEGMENT STACK
        DB      128 DUP (?)
STAC    ENDS


DATA    SEGMENT
SOURCE  DB      9 DUP(?)                ;顺序存放 9 个 ASCII 字符
RESULT  DB      N DUP(0)
NAME0   DB      'INPUT1.DAT',0
NAME1   DB      'OUTPUT1.DAT',0
DATA    ENDS


CODE    SEGMENT
        ASSUME  CS:CODE,DS:DATA,SS:STAC
START   PROC    FAR
        PUSH    DS
```

```
          XOR         AX,AX
          PUSH        AX
          MOV         AX,DATA
          MOV         DS,AX

          LEA         DX,SOURCE        ;数据区起始地址
          LEA         SI,NAME0         ;原始数据文件名
          MOV         CX,N-1           ;字节数
          CALL        LOAD             ;从'INPUT1.DAT'中读取数据
;     **** BEGIN ****
          MOV         DI,OFFSET RESULT
          MOV         SI,OFFSET SOURCE
          MOV         DX,N-1
          MOV         AL,0
LP0:      MOV         BL,[SI]
          MOV         CX,8
         (1)          AX
          MOV         AL,0
LP1:     (2)          BL,1
         (3)          AL,0
          LOOP        LP1
          AND         AL,01H
          ROR         AL,1
          OR          (4) , (5)
          MOV         [DI],BL
         (6)          AX
          ADD         AL,BL
          INC         DI
          INC         SI
          DEC         (7)
          JNZ         LP0
         (8)
;     **** END ****
          LEA         DX,RESULT        ;结果数据区首址
          LEA         SI,NAME1         ;结果文件名
          MOV         CX,N             ;结果字节数
          CALL        SAVE             ;保存结果到文件
          RET
START     ENDP
CODE      ENDS
```

```
            END        START
```

✳✳

第 23 题

请编制程序，其功能是：以 SOURCE 开始的内存区域存放着红外数据通信系统传输的数据信息。其编码形式为：AACCXYXYDDEE，表示传送的数据为压缩 BCD 码 XY。如 AACC1212DDEE 表示数据 12。现要求编程实现解码，如果压缩 BCD 码不是以 AACC 开始或者不是以 DDEE 结束或中间两个 BCD 码不同，则此数据不解码。解码后的 BCD 码存入 RESULT 开始的内存区域。

例如：

原信息为　　　AAH, CCH, 05H, 05H, DDH, EEH, AAH, C8H, 43H, 43H, DDH,
　　　　　　　0EH, AAH, CCH, 87H, 87H, DDH, EEH…

结果为　　　　05H, 87H…

部分程序已经给出，其中原始数据由过程 LOAD 从文件 INPUT1.DAT 中读入 SOURCE 开始的内存单元中。运算结果要求从 RESULT 开始存放，由过程 SAVE 保存到文件 OUTPUT1.DAT 中。

请在 BEGIN 和 END 之间的源程序中填空，使其完整（空白已用横线标出，每个空白一般只需一条指令，但采用功能相当的多条指令亦可），或删除 BEGIN 和 END 之间原有的代码，并自行编程，完成所要求的功能。

对程序必须进行汇编，并与 IO.OBJ 链接产生可执行文件，最终运行程序产生结果。调试过程中，若发现程序存在错误，请加以修改。

试题程序：

```
            EXTRN      LOAD:FAR,SAVE:FAR
N           EQU        10

STAC        SEGMENT    STACK
            DB         128 DUP (?)
STAC        ENDS

DATA        SEGMENT
SOURCE      DB         6*N DUP(0)
RESULT      DB         N DUP(0)
NAME0       DB         'INPUT1.DAT',0
NAME1       DB         'OUTPUT1.DAT',0
DATA        ENDS

CODE        SEGMENT
```

```
            ASSUME      CS:CODE,DS:DATA,SS:STAC
START       PROC        FAR
            PUSH        DS
            XOR         AX,AX
            PUSH        AX
            MOV         AX,DATA
            MOV         DS,AX
            MOV         ES,AX               ;置附加段寄存器

            LEA         DX,SOURCE           ;数据区起始地址
            LEA         SI,NAME0            ;原始数据文件名
            MOV         CX,6*N              ;字节数
            CALL        LOAD                ;从'INPUT1.DAT'中读取数据
;    **** BEGIN ****
            LEA         SI,SOURCE
            MOV         DI,OFFSET RESULT
            MOV         CX,   (1)
LPST:       MOV         DL,6
MCLP1:      MOV         AL,   (2)
            CMP         AL,0AAH
            JNZ         NEXTD
            INC         SI
            MOV         AL,[SI]
            CMP         AL,0CCH
            ___(3)___
            INC         SI
            MOV         AL,[SI]
            MOV         DH,AL
            INC         SI
            MOV         AL,[SI]
            ___(4)___
            JNZ         NEXTD
            INC         SI
            MOV         AL,[SI]
            CMP         AL,0DDH
            JNZ         NEXTD
            INC         SI
            MOV         AL,[SI]
            CMP         AL,0EEH
            JNZ         NEXTD
```

```
          INC         SI
          MOV         [DI],DH
          INC         DI
   NEXTD:          (5)
          MOV         SI,BX
          _____(6)
   ;    **** END ****
          LEA         DX,RESULT        ；结果数据区首址
          LEA         SI,NAME1         ；结果文件名起始地址
          MOV         CX,N             ；字节数
          CALL        SAVE             ；保存结果到'OUTPUT1.DAT'文件中
          RET
   START  ENDP
   CODE   ENDS
          END         START
```

☆☆☆

第 24 题

请编制程序，其功能是：将一数据采集系统中采集的 80 个字节无符号数（已存于 SOURCE 开始的内存区域）按算术平均数字滤波方法进行数字滤波，每 8 个数求一个平均值（含去余数）。将 10 个平均值依次写入 RESULT 指示的内存区域。

例如：

原采集数据　1EH, 31H, 31H, 33H, 58H, 75H, 38H, 34H, 49H, A2H, 98H,
　　　　　　DFH, 99H, 64H, 64H, B7H,…

结果为　　　3DH, CCH,…

部分程序已经给出，其中原始数据由过程 LOAD 从文件 INPUT1.DAT 中读入 SOURCE 开始的内存单元中。运算结果要求从 RESULT 开始存放，由过程 SAVE 保存到文件 OUTPUT1.DAT 中。

请在 BEGIN 和 END 之间的源程序中填空，使其完整（空白已用横线标出，每个空白一般只需一条指令，但采用功能相当的多条指令亦可），或删除 BEGIN 和 END 之间原有的代码，并自行编程，完成所要求的功能。

对程序必须进行汇编，并与 IO.OBJ 链接产生可执行文件，最终运行程序产生结果。调试过程中，若发现程序存在错误，请加以修改。

试题程序：

```
          EXTRN       LOAD:FAR,SAVE:FAR
   N      EQU         10

   STAC   SEGMENT     STACK
```

```
            DB              128 DUP (?)
STAC        ENDS

DATA        SEGMENT
SOURCE      DB              8*N DUP(0)
RESULT      DB              N DUP(0)
NAME0       DB              'INPUT1.DAT',0
NAME1       DB              'OUTPUT1.DAT',0
DATA        ENDS

CODE        SEGMENT
            ASSUME          CS:CODE,DS:DATA,SS:STAC
START       PROC            FAR
            PUSH            DS
            XOR             AX,AX
            PUSH            AX
            MOV             AX,DATA
            MOV             DS,AX

            LEA             DX,SOURCE            ;数据区起始地址
            LEA             SI,NAME0             ;原始数据文件名
            MOV             CX,8*N               ;字节数
            CALL            LOAD                 ;从'INPUT1.DAT'中读取数据
;     **** BEGIN ****
            LEA             SI,SOURCE
            MOV             ___(1)___
            MOV             DX,N
MAGN1:      XOR             AX,AX
            XOR             BX,BX
            MOV             CX,___(2)___
MAGN2:      MOV             AL,[SI]              ;取数并求和放 BX 中
            ADD             BX,___(3)___
            INC             SI
            ___(4)___
            MOV             AX,BX
            ___(5)___
            ___(6)___
            ___(7)___
            ___(8)___
            DEC             DX
```

```
        ____(9)____   MAGN1
;    **** END ****
        LEA      DX,RESULT        ; 结果数据区首址
        LEA      SI,NAME1         ; 结果文件名起始地址
        MOV      CX,N             ; 字节数
        CALL     SAVE             ; 保存结果到'OUTPUT1.DAT'文件中
        RET
START   ENDP
CODE    ENDS
        END      START
```

★★★

第 25 题

请编制程序，其功能是：内存中连续存放着 16 个二进制字节数，在原 16 个数的第 4 和第 5 个数之间插入 00H，在原 16 个数的第 8 和第 9 个数之间插入 55H，在原 16 个数的第 12 和第 13 个数之间插入 AAH，在原 16 个数的最后加入 FFH。将按上述方法插入 4 个字节数后得到的 20 个字节数存入内存中。

例如：

内存中有：　　10H, 20H, 30H, 40H, 50H,…, 8FH (共 16 个字节)

结果为　　　　10H, 20H, 30H, 40H, 00H, 50H, …, 8FH, FFH (共 20 个字节)

部分程序已经给出，其中原始数据由过程 LOAD 从文件 INPUT1.DAT 中读入 SOURCE 开始的内存单元中。运算结果要求从 RESULT 开始存放，由过程 SAVE 保存到文件 OUTPUT1.DAT 中。

请在 BEGIN 和 END 之间的源程序中填空，使其完整（空白已用横线标出，每个空白一般只需一条指令，但采用功能相当的多条指令亦可），或删除 BEGIN 和 END 之间原有的代码，并自行编程，完成所要求的功能。

对程序必须进行汇编，并与 IO.OBJ 链接产生可执行文件，最终运行程序产生结果。调试过程中，若发现程序存在错误，请加以修改。

试题程序：

```
        EXTRN    LOAD:FAR,SAVE:FAR
N       EQU      16

STAC    SEGMENT  STACK
        DB       128 DUP (?)
STAC    ENDS

DATA    SEGMENT
SOURCE  DB       N DUP(?)
```

```
        INDATA   DB          0FFH,0AAH,55H,00H
        RESULT   DB          N+4 DUP(0)
        NAME0    DB          'INPUT1.DAT',0
        NAME1    DB          'OUTPUT1.DAT',0
        DATA     ENDS


        CODE     SEGMENT
                 ASSUME      CS:CODE,DS:DATA,SS:STAC
        START    PROC        FAR
                 PUSH        DS
                 XOR         AX,AX
                 PUSH        AX
                 MOV         AX,DATA
                 MOV         DS,AX


                 LEA         DX,SOURCE           ;数据区起始地址
                 LEA         SI,NAME0            ;原始数据文件名
                 MOV         CX,N                ;字节数
                 CALL        LOAD                ;从'INPUT1.DAT'中读取数据
        ;   **** BEGIN ****
        _____(1)_____
                 MOV         DI,0
                 MOV         CX,4
                 MOV         BX,4
        CHAN:        ___(2)___
                 MOV         RESULT[DI],AH
                 ____(3)____
                 INC         DI
                 DEC         CX
                 JZ          INSER1
                 JMP         CHAN
        INSER1:  PUSH        SI
                 MOV         SI,BX
                 MOV         AX,INDATA[SI-1]
                 MOV         RESULT[DI],___(4)___
                 DEC         BX
                 JZ          ___(5)___
                 MOV         CX,04H
                 ____(6)____
                 INC         DI
```

```
                JMP         ___(7)___
        EXIT:   POP         SI
        ;   **** END ****
                LEA         DX,RESULT        ; 结果数据区首址
                LEA         SI,NAME1         ; 结果文件名
                MOV         CX,N+4           ; 结果字节数
                CALL        SAVE             ; 保存结果到文件
                RET
        START   ENDP
        CODE    ENDS
                END         START
```

****

第 26 题

请编制程序，其功能是：内存中连续存放着 16 个 16 位二进制数，在原 16 个数的第 4 和第 5 个数之间插入 00FFH，在原 16 个数的第 8 和第 9 个数之间插入 FF00H，在原 16 个数的第 12 和第 13 个数之间插入 55AAH，在原 16 个数的最后加入 AA55H。将按上述方法插入 4 个数后得到的 20 个数存入内存中。

例如：

内存中有　　　1020H, 2002H, 3033H, 4440H, 5008H, …,8FF8H (共 16 个字)

结果为　　　　1020H, 2002H, 3033H, 4440H, 00FFH, 5008H, …, 8FF8H, AA55H (共 20 个字)

部分程序已经给出，其中原始数据由过程 LOAD 从文件 INPUT1.DAT 中读入 SOURCE 开始的内存单元中。运算结果要求从 RESULT 开始存放，由过程 SAVE 保存到文件 OUTPUT1.DAT 中。

请在 BEGIN 和 END 之间的源程序中填空，使其完整（空白已用横线标出，每个空白一般只需一条指令，但采用功能相当的多条指令亦可），或删除 BEGIN 和 END 之间原有的代码，并自行编程，完成所要求的功能。

对程序必须进行汇编，并与 IO.OBJ 链接产生可执行文件，最终运行程序产生结果。调试过程中，若发现程序存在错误，请加以修改。

试题程序：

```
                EXTRN       LOAD:FAR,SAVE:FAR
        N       EQU         16

        STAC    SEGMENT     STACK
                DB          128 DUP (?)
        STAC    ENDS

        DATA    SEGMENT
```

```
SOURCE    DW          N DUP(?)
INDATA    DW          0AA55H,55AAH,0FF00H,00FFH
RESULT    DW          N+4 DUP(0)
NAME0     DB          'INPUT1.DAT',0
NAME1     DB          'OUTPUT1.DAT',0
DATA      ENDS


CODE      SEGMENT
          ASSUME      CS:CODE,DS:DATA,SS:STAC
START     PROC        FAR
          PUSH        DS
          XOR         AX,AX
          PUSH        AX
          MOV         AX,DATA
          MOV         DS,AX


          LEA         DX,SOURCE              ;数据区起始地址
          LEA         SI,NAME0               ;原始数据文件名
          MOV         CX,N*2                 ;字节数
          CALL        LOAD                   ;从'INPUT1.DAT'中读取数据
;    **** BEGIN ****
          MOV         SI,0
              (1)
          MOV         CX,4
          MOV         BX,8
CHAN:     MOV         AX,SOURCE[SI]
                (2)
          INC         SI
              (3)
              (4)
          INC         DI
          DEC         CX
          JZ          INSER1
          JMP         CHAN
INSER1:   PUSH        SI
          MOV         SI,BX
          MOV         AX,INDATA[SI-2]
          MOV         RESULT[DI],   (5)
          DEC         BX
              (6)
```

```
          JZ        EXIT
          MOV       CX,  ___(7)___
          POP       SI
          INC       DI
          ___(8)___
          JMP       CHAN
EXIT:     POP       SI
;    **** END ****
          LEA       DX,RESULT              ; 结果数据区首址
          LEA       SI,NAME1               ; 结果文件名
          MOV       CX,(N+4)*2             ; 结果字节数
          CALL      SAVE                   ; 保存结果到文件
          RET
START     ENDP
CODE      ENDS
          END       START
```

★★

第 27 题

请编制程序,其功能是:内存中存放着 16 个以八位二进制数表示的 0~9 之间的数字(包括数字 0 和 9),请将它们转换为相应的 ASCII 字符,并且在原第 1、5、9、13 个数字前插入 ASCII 字符 "$"(24H)。将按上述方法插入 4 个字符 "$" 后得到的 20 个字符存入内存中。

例如:

内存中有　　 00H, 01H, 01H, 01H, 02H, …, 09H(共 16 个字节)

结果为　　　 24H('$'), 30H('0'), 31H('1'), 31H('1'), 31H('1'), 24H('$'), 32H('2'), …, 39H('9')(共 20 个字节)

部分程序已经给出,其中原始数据由过程 LOAD 从文件 INPUT1.DAT 中读入 SOURCE 开始的内存单元中。运算结果要求从 RESULT 开始存放,由过程 SAVE 保存到文件 OUTPUT1.DAT 中。

请在 BEGIN 和 END 之间的源程序中填空,使其完整(空白已用横线标出,每个空白一般只需一条指令,但采用功能相当的多条指令亦可),或删除 BEGIN 和 END 之间原有的代码,并自行编程,完成所要求的功能。

对程序必须进行汇编,并与 IO.OBJ 链接产生可执行文件,最终运行程序产生结果。调试过程中,若发现程序存在错误,请加以修改。

试题程序:

```
          EXTRN     LOAD:FAR,SAVE:FAR
N         EQU       16
```

```
STAC      SEGMENT      STACK
          DB           128 DUP (?)
STAC      ENDS


DATA      SEGMENT
SOURCE    DB           N DUP(?)
RESULT    DB           N+4 DUP(0)
NAME0     DB           'INPUT1.DAT',0
NAME1     DB           'OUTPUT1.DAT',0
DATA      ENDS


CODE      SEGMENT
          ASSUME       CS:CODE,DS:DATA,SS:STAC
START     PROC         FAR
          PUSH         DS
          XOR          AX,AX
          PUSH         AX
          MOV          AX,DATA
          MOV          DS,AX

          LEA          DX,SOURCE        ;数据区起始地址
          LEA          SI,NAME0         ;原始数据文件名
          MOV          CX,N             ;字节数
          CALL         LOAD             ;从'INPUT1.DAT'中读取数据
;     **** BEGIN ****
              (1)
          MOV          DI,0
          MOV          CX,4
          MOV          BX,    (2)
INSER1:   DEC          BX
          JZ           EXIT
          MOV          RESULT[DI],24H
              (3)
          MOV          CX,4
CHAN:     MOV          AL,SOURCE[SI]
              (4)
          MOV          RESULT[DI],AL
              (5)
          INC          DI
          DEC          CX
```

```
        JZ              (6)
        JMP             CHAN
EXIT:   NOP
;   **** END ****
        LEA             DX,RESULT        ; 结果数据区首址
        LEA             SI,NAME1         ; 结果文件名
        MOV             CX,N+4           ; 结果字节数
        CALL            SAVE             ; 保存结果到文件
        RET
START   ENDP
CODE    ENDS
        END             START
```

★★★

第 28 题

请编制程序，其功能是：将十进制数的 ASCII 值转换为 BCD 码，并按照组合（压缩）格式存放在内存区中。该 ASCII 字符串以 00H 作为结束标志，若被转换的 ASCII 值为奇数个，则把地址最低的 ASCII 值按照非组合（非压缩）BCD 码格式转换。

例如：

内存中有　　　31H, 32H, 33H, 34H, 35H

结果为　　　　01H, 32H, 54H

部分程序已经给出，其中原始数据由过程 LOAD 从文件 INPUT1.DAT 中读入 SOURCE 开始的内存单元中，运算结果要求从 RESULT 开始存放，由过程 SAVE 保存到文件 OUTPUT1.DAT 中。

请填空 BEGIN 和 END 之间已经给出的一段源程序使其完整，需填空处已经用横线标出，每个空白一般只需要一条指令或指令的一部分（指令助记符或操作数），考生也可以填入功能相当的多条指令，或删去 BEGIN 和 END 之间原有的代码并自行编程来完成所要求的功能。

对程序必须进行汇编，并与 IO.OBJ 链接产生可执行文件，最终运行程序产生结果。调试过程中，若发现程序存在错误，请加以修改。

试题程序：

```
        EXTRN           LOAD:FAR,SAVE:FAR
N       EQU             20

DSEG    SEGMENT
SOURCE  DB              N DUP(?)
RESULT  DB              N/2 DUP(0)
NAME0   DB              'INPUT1.DAT',0
```

```
NAME1      DB              'OUTPUT1.DAT',0
DSEG       ENDS


SSEG       SEGMENT STACK
           DB              256 DUP(?)
SSEG       ENDS


CSEG       SEGMENT
           ASSUME          CS:CSEG, SS:SSEG, DS:DSEG
START      PROC            FAR
           PUSH            DS
           XOR             AX,AX
           PUSH            AX
           MOV             AX, DSEG
           MOV             DS,AX
           MOV             ES,AX


           LEA             DX,SOURCE
           LEA             SI,NAME0
           MOV             CX,N
           CALL            LOAD
;    **** BEGIN ****
           MOV             CX,0
           LEA             BX,SOURCE
NEXT:      MOV             AL,[BX]
           CMP             AL,0
           JZ              GOON
           INC             CX
           INC             BX
           JMP             NEXT


GOON:      LEA             SI,SOURCE
           LEA             DI,RESULT
           ROR             CX,1              ;是偶数吗?
           JNC             EVN               ;是
           ROL             CX,1              ;否
           LODSB
           AND             ___(1)___ ,0FH
           STOSB
           DEC             CX
```

```
            ROR          CX,1
      EVN:  LODSB
            AND          ___(2)___,0FH
            MOV          BL,AL
            LODSB
            PUSH         CX
            MOV          CL,___(3)___
            SAL          AL,___(4)___
            POP          CX
            ___(5)___    AL,BL
            STOSB
            LOOP         EVN
;    **** END ****
      EXIT: LEA          DX, RESULT
            LEA          SI,NAME1
            MOV          CX,N/2
            CALL         SAVE
            RET
      START ENDP
      CSEG  ENDS
            END          START
```

✿✿

第 29 题

请编制程序,其功能是:内存中连续存放着 10 个用 ASCII 字符表示的一位十进制数,将它们分别转换成相应的二进制字节数 N0, N1, …, N9,然后按序将 N0 至 N9 存入内存中,最后存放它们的和 n(n=N0+N1+…+N9)。n 用压缩型(组合型)BCD 码表示。

例如:

内存中有   30H('0'), 39H('9'), 31H('1')…

结果为   00H, 09H, 01H…(后跟 n)

部分程序已给出,其中原始数据由过程 LOAD 从文件 INPUT1.DAT 中读入 SOURCE 开始的内存单元中。运算结果要求从 RESULT 开始存放,由过程 SAVE 保存到文件 OUTPUT1.DAT 中。

请在 BEGIN 和 END 之间的源程序中填空,使其完整(空白已用横线标出,每个空白一般只需一条指令,但采用功能相当的多条指令亦可),或删除 BEGIN 和 END 之间原有的代码,并自行编程,完成所要求的功能。

对程序必须进行汇编,并与 IO.OBJ 链接产生可执行文件,最终运行程序产生结果。调试过程中,若发现程序存在错误,请加以修改。

试题程序:

60

```
        EXTRN       LOAD:FAR,SAVE:FAR
N       EQU         10

STAC    SEGMENT     STACK
        DB          128 DUP (?)
STAC    ENDS

DATA    SEGMENT
SOURCE  DB          N DUP(?)
RESULT  DB          N+1 DUP(0)
NAME0   DB          'INPUT1.DAT',0
NAME1   DB          'OUTPUT1.DAT',0
DATA    ENDS

CODE    SEGMENT
        ASSUME      CS:CODE, DS:DATA, SS:STAC
START   PROC        FAR
        PUSH        DS
        XOR         AX,AX
        PUSH        AX
        MOV         AX,DATA
        MOV         DS,AX

        LEA         DX,SOURCE          ;数据区起始地址
        LEA         SI,NAME0           ;原始数据文件名
        MOV         CX,N               ;字节数
        CALL        LOAD               ;从'INPUT1.DAT'中读取数据
;    **** BEGIN ****
        MOV         DI,OFFSET RESULT
        MOV         BX,0
        MOV         CX,N
        MOV         DL,   (1)
PRO:    MOV         AL,SOURCE[BX]
        (2)         AL, 30H
        MOV         [DI],AL
            (3)
        ADD         AL,DL
          (4)
        MOV         DL,AL
```

```
        INC         BX
                (5)
        JNZ         PRO
                (6)
;   **** END ****
        LEA         DX,RESULT           ; 结果数据区首址
        LEA         SI,NAME1            ; 结果文件名
        MOV         CX,N+1              ; 结果字节数
        CALL        SAVE               ; 保存结果到文件
        RET
START   ENDP
CODE    ENDS
        END         START
```

★★

第 30 题

请编制程序，其功能是：内存中连续存放着 20 个 ASCII 字符，如果是小写字母 a 至 z 之间的字符，请把它们转换成相应的大写字母的 ASCII 字符（否则不作转换），并统计原 20 个 ASCII 字符中字符"z"的个数。转换结果（包括不作转换的 a~z 之间的原 ASCII 字符）按序存入内存中，之后存放原 20 个 ASCII 字符中为字符"z"的 ASCII 字符的个数（用一个字节表示）。

例如：

内存中有　　　30H('0'), 31H('1'), 61H('a'), 41H('A'), 74H('z')…

结果为　　　　30H, 31H, 41H, 41H, 5AH…后跟用一个字节表示的原 20 个 ASCII 字符中为字符"z"的个数

部分程序已给出，其中原始数据由过程 LOAD 从文件 INPUT1.DAT 中读入 SOURCE 开始的内存单元中。运算结果要求从 RESULT 开始存放，由过程 SAVE 保存到文件 OUTPUT1.DAT 中。

请在 BEGIN 和 END 之间的源程序中填空，使其完整（空白已用横线标出，每个空白一般只需一条指令，但采用功能相当的多条指令亦可），或删除 BEGIN 和 END 之间原有的代码，并自行编程，完成所要求的功能。

对程序必须进行汇编，并与 IO.OBJ 链接产生可执行文件，最终运行程序产生结果。调试过程中，若发现程序存在错误，请加以修改。

试题程序：

```
        EXTRN       LOAD:FAR,SAVE:FAR
N       EQU         20
```

```
STAC    SEGMENT STACK
        DB          128 DUP (?)
STAC    ENDS


DATA    SEGMENT
SOURCE  DB          N DUP(?)
RESULT  DB          N+1 DUP(0)
NAME0   DB          'INPUT1.DAT',0
NAME1   DB          'OUTPUT1.DAT',0
DATA    ENDS


CODE    SEGMENT
        ASSUME      CS:CODE, DS:DATA, SS:STAC
START   PROC        FAR
        PUSH        DS
        XOR         AX,AX
        PUSH        AX
        MOV         AX,DATA
        MOV         DS,AX

        LEA         DX,SOURCE        ;数据区起始地址
        LEA         SI,NAME0         ;原始数据文件名
        MOV         CX,N             ;字节数
        CALL        LOAD             ;从'INPUT1.DAT'中读取数据
;    **** BEGIN ****
        MOV         DI,OFFSET RESULT
        MOV         BX,0
        MOV         DL,0
        MOV         CX,N
PRO:    MOV         AL,SOURCE[BX]
        CMP         AL,61H
        __(1)__     KEEP             ;<'a'
        CMP         AL,7AH           ;>='a'
        JNBE        KEEP             ;>'z'
        CMP         AL,79H           ;<='y'
        JBE         __(2)__
        INC         DL
NINC:   SUB         AL,__(3)__
        MOV         [DI],AL
        INC         DI
```

```
            JMP         _____(4)
KEEP:       MOV         [DI],AL
            _____(5)
JUMP:       INC         BX
            DEC         CX
            JNZ         PRO
            _____(6)
;   **** END ****
            LEA         DX,RESULT       ; 结果数据区首址
            LEA         SI,NAME1        ; 结果文件名
            MOV         CX,N+2          ; 结果字节数
            CALL        SAVE            ; 保存结果到文件
            RET
START       ENDP
CODE        ENDS
            END         START
```

★★

第31题

请编制程序，其功能是：内存中连续存放着 10 个 16 位二进制数。分别对每个数的高位字节和低位字节进行逻辑与运算及逻辑或运算。运算结果以字的形式按序连续存放（低位字节存入逻辑与运算的结果，高位字节存入逻辑或运算的结果）。

例如：

内存中有　　AA55H, 55AAH, FFAAH

结果为　　　FF00H, FF00H, FFAAH…

部分程序已给出，其中原始数据由过程 LOAD 从文件 INPUT1.DAT 中读入 SOURCE 开始的内存单元中。运算结果要求从 RESULT 开始存放，由过程 SAVE 保存到文件 OUTPUT1.DAT 中。

请在 BEGIN 和 END 之间的源程序中填空，使其完整（空白已用横线标出，每个空白一般只需一条指令，但采用功能相当的多条指令亦可），或删除 BEGIN 和 END 之间原有的代码，并自行编程，完成所要求的功能。

对程序必须进行汇编，并与 IO.OBJ 链接产生可执行文件，最终运行程序产生结果。调试过程中，若发现程序存在错误，请加以修改。

试题程序：

```
            EXTRN       LOAD:FAR,SAVE:FAR
N           EQU         10
```

```
STAC    SEGMENT     STACK
        DB          128 DUP (?)
STAC    ENDS


DATA    SEGMENT
SOURCE  DW          N DUP(?)
RESULT  DW          N DUP(0)
NAME0   DB          'INPUT1.DAT',0
NAME1   DB          'OUTPUT1.DAT',0
DATA    ENDS


CODE    SEGMENT
        ASSUME      CS:CODE, DS:DATA, SS:STAC
START   PROC        FAR
        PUSH        DS
        XOR         AX,AX
        PUSH        AX
        MOV         AX,DATA
        MOV         DS,AX

        LEA         DX,SOURCE           ;数据区起始地址
        LEA         SI,NAME0            ;原始数据文件名
        MOV         CX,N*2              ;字节数
        CALL        LOAD                ;从'INPUT1.DAT'中读取数据
;    **** BEGIN ****
        MOV         DI,OFFSET RESULT
        MOV         CX,N
        MOV         BX,00
PRO:    MOV         AX,_____(1)_____
        MOV         DX,AX
        AND         _____(2)_____,DH
        _____(3)_____ AH,AL
        MOV         _____(4)_____,DL
        ADD         BX,2
        _____(5)_____
        ADD         DI,2
        _____(6)_____
        JNZ         PRO
;    **** END ****
        LEA         DX,RESULT           ;结果数据区首址
```

65

```
            LEA        SI,NAME1          ; 结果文件名
            MOV        CX,N*2            ; 结果字节数
            CALL       SAVE             ; 保存结果到文件
            RET
    START   ENDP
    CODE    ENDS
            END        START
```

★★

第 32 题

请编制程序，其功能是：将连续 20 个字节的十六进制数顺序转换成 40 个 ASCII 字符（字母用大写）。转换的顺序是先高四位，后低四位。

例如：

原始数据是　　　　　AFH, 14H …

转换后应为　　　　　41H, 46H, 31H, 34H…

部分程序已给出，其中原始数据由过程 LOAD 从文件 INPUT1.DAT 中读入 SOURCE 开始的内存单元中，运算结果（要求从 RESULT 开始存放）由过程 SAVE 保存到文件 OUTPUT1.DAT 中。

请在 BEGIN 和 END 之间补充一段源程序，完成所要求的功能。

对程序必须进行汇编，并与 IO.OBJ 链接产生可执行文件，最终运行程序产生结果。调试过程中，若发现程序存在错误，请加以修改。

试题程序：

```
            EXTRN       LOAD:FAR,SAVE:FAR
    N       EQU         20

    DSEG    SEGMENT
    SOURCE  DB          N   DUP(?)
    RESULT  DB          2*N DUP(0)
    NAME0   DB          'INPUT1.DAT',0
    NAME1   DB          'OUTPUT1.DAT',0
    DSEG    ENDS

    SSEG    SEGMENT     STACK
            DW          256 DUP(?)
    SSEG    ENDS

    CSEG    SEGMENT
```

```
        ASSUME      CS:CSEG, SS:SSEG, DS:DSEG
START   PROC        FAR
        PUSH        DS
        XOR         AX,AX
        PUSH        AX
        MOV         AX,DSEG
        MOV         DS,AX

        LEA         DX,SOURCE
        LEA         SI,NAME0
        MOV         CX,N
        CALL        LOAD        ; LOAD DSEG FILE 'INPUT.1 DAT'
;    **** BEGIN ****


;    **** END ****
        LEA         DX, RESULT
        LEA         SI, NAME1
        MOV         CX,N*2
        CALL        SAVE        ;SAVE RESULT TO FILE
        RET
START   ENDP
CSEG    ENDS
        END         START
```

★★

第33题

请编制程序，其功能是：

为一个 ASCII 字符串中所有的字符在最高位加上奇校验位。字符串以 00H 结束，长度不超过 20 个字节。

例如：

字符串为　　41H, 42H, 43H, … 00H

转换后为　　C1H, C2H, 43H, … 00H

部分程序已给出，其中原始数据由过程 LOAD 从文件 INPUT1.DAT 中读入 SOURCE 开始的内存单元中，运算结果（要求从 RESULT 开始存放）由过程 SAVE 保存到文件 OUTPUT1.DAT 中。

请在 BEGIN 和 END 之间补充一段源程序，完成所要求的功能。

对程序必须进行汇编，并与 IO.OBJ 链接产生可执行文件，最终运行程序产生结果。调

试过程中，若发现程序存在错误，请加以修改。

试题程序：

```
        EXTRN       LOAD:FAR,SAVE:FAR
N       EQU         20


DSEG    SEGMENT
NAME0   DB          'INPUT1.DAT',00H
NAME1   DB          'OUTPUT1.DAT',00H
SOURCE  DB          N DUP(0)
RESULT  DB          N DUP(0)
DSEG    ENDS


SSEG    SEGMENT     STACK
        DW          256 DUP(?)
SSEG    ENDS


CSEG    SEGMENT
        ASSUME      CS:CSEG, SS:SSEG, DS:DSEG
MAIN    PROC        FAR
        PUSH        DS
        MOV         AX,0
        PUSH        AX
        MOV         AX,DSEG
        MOV         DS,AX


        LEA         DX,SOURCE
        LEA         SI,NAME0
        MOV         CX,N
        CALL        LOAD        ; READ DATA FROM INPUT FILE
;   **** BEGIN ****


;   **** END ****
        LEA         DX, RESULT
        LEA         SI, NAME1
        CALL        SAVE
        RET
MAIN    ENDP
CSEG    ENDS
```

```
            END         MAIN
```

★★★

第 34 题

请编制程序，其功能是：将一个 ASCII 字符串中所有大写字母全部变成小写字母，其他字符不变。字符串以 00H 结束，长度不超过 20 个字节。

例如：

字符串为　　　41H, 42H, 31H, 65H, 00H ('ABle')

转换后为　　　61H, 62H, 31H, 65H, 00H ('able')

部分程序已给出，其中原始数据由过程 LOAD 从文件 INPUT1.DAT 中读入 SOURCE 开始的内存单元中，运算结果（要求从 RESULT 开始存放）由过程 SAVE 保存到文件 OUTPUT1.DAT 中。

请在 BEGIN 和 END 之间补充一段源程序，完成所要求的功能。

对程序必须进行汇编，并与 IO.OBJ 链接产生可执行文件，最终运行程序产生结果。调试过程中，若发现程序存在错误，请加以修改。

试题程序：

```
            EXTRN       LOAD:FAR,SAVE:FAR
N           EQU         20

DATA        SEGMENT     PARA PUBLIC 'DATA'
SOURCE      DB          N DUP(?)
RESULT      DB          N DUP(0)
NAME0       DB          'INPUT1.DAT',0
NAME1       DB          'OUTPUT1.DAT',0
DATA        ENDS

SSTACK      SEGMENT STACK
            DW          256 DUP(?)
SSTACK      ENDS

CODE        SEGMENT
            ASSUME      CS:CODE, SS:SSTACK, DS:DATA
MAIN        PROC        FAR
            PUSH        DS
            MOV         AX,0
            PUSH        AX
            MOV         AX,DATA
            MOV         DS,AX
```

```
            LEA         DX,SOURCE
            LEA         SI,NAME0
            MOV         CX,N
            CALL        FAR PTR LOAD        ; LOAD STRING FROM FILE
;    **** BEGIN ****


;    **** END ****
            LEA         DX, RESULT
            LEA         SI, NAME1
            CALL        FAR PTR SAVE        ;SAVE RESULT TO FILE
            RET
    MAIN    ENDP
    CODE    ENDS
            END         MAIN
```

****

第 35 题

请编制程序，其功能是：设 20 个 8 位有符号数构成一个数组，试依次去掉其中负的奇数，生成一个新的数组（顺序不变）。

例如：

原数组：91H, 00H, 07H, 86H, 93H, 02H, 72H, …

新数组：00H, 07H, 86H, 02H, 72H, …

部分程序已给出，其中原始数据由过程 LOAD 从文件 INPUT1.DAT 中读入 SOURCE 开始的内存单元中，运算结果要求从 RESULT 开始存放，由过程 SAVE 保存到文件 OUTPUT1.DAT 中（请自行在 CX 中设定输出长度）。

请在 BEGIN 和 END 之间补充一段源程序，完成所要求的功能。

对程序必须进行汇编，并与 IO.OBJ 链接产生可执行文件，最终运行程序产生结果。调试过程中，若发现程序存在错误，请加以修改。

试题程序：

```
            EXTRN       LOAD:FAR,SAVE:FAR
    LEN     EQU         20

    DSEG    SEGMENT
    SOURCE  DB          LEN DUP(?)
    RESULT  DB          LEN DUP(0)
    NAME0   DB          'INPUT1.DAT',0
```

```
NAME1     DB              'OUTPUT1.DAT',0
DSEG      ENDS


SSEG      SEGMENT         STACK
          DW              256 DUP(?)
SSEG      ENDS


CSEG      SEGMENT
          ASSUME          CS:CSEG, SS:SSEG, DS:DSEG
START     PROC            FAR
          PUSH            DS
          XOR             AX,AX
          PUSH            AX
          MOV             AX,DSEG
          MOV             DS,AX
          MOV             ES,AX

          LEA             DX,SOURCE
          LEA             SI,NAME0
          MOV             CX,LEN
          CALL            LOAD            ; LOAD 20 BYTES FROM FILE
;    **** BEGIN ****



;    **** END ****
          LEA             DX, RESULT
          LEA             SI, NAME1
          CALL            SAVE            ;SAVE RESULT TO FILE
          RET
START     ENDP
CSEG      ENDS
          END             START
```

****

第 36 题

请编制程序，其功能是：将一个字符串中连续相同的字符仅用一个字符代替，生成一个新的字符串。字符串以 00H 结束，长度不超过 20 个字节。

例如：

原字符串为　41H, 41H, 41H, 42H, 31H, 31H, ... 00H('AAAB11')

新字符串为   41H, 42H, 31H, …, 00H('AB1')

部分程序已给出，其中原始数据由过程 LOAD 从文件 INPUT1.DAT 中读入 SOURCE 开始的内存单元中，运算结果要求从 RESULT 开始存放，由过程 SAVE 保存到文件 OUTPUT1.DAT 中（请自行在 CX 中设定输出长度）。

请在 BEGIN 和 END 之间补充一段源程序，完成所要求的功能。

对程序必须进行汇编，并与 IO.OBJ 链接产生可执行文件，最终运行程序产生结果。调试过程中，若发现程序存在错误，请加以修改。

试题程序：

```
          EXTRN        LOAD:FAR,SAVE:FAR
LEN       EQU          20

DSEG      SEGMENT
SOURCE    DB           LEN DUP(?)
RESULT    DB           LEN DUP(0)
NAME0     DB           'INPUT1.DAT',0
NAME1     DB           'OUTPUT1.DAT',0
DSEG      ENDS

SSEG      SEGMENT      STACK
          DW           256 DUP(?)
SSEG      ENDS

CSEG      SEGMENT
          ASSUME       CS:CSEG, SS:SSEG, DS:DSEG
START     PROC         FAR
          PUSH         DS
          XOR          AX,AX
          PUSH         AX
          MOV          AX,DSEG
          MOV          DS,AX

          LEA          DX,SOURCE
          LEA          SI,NAME0
          MOV          CX,LEN
          CALL         LOAD              ; LOAD STRING FROM FILE
;    **** BEGIN ****



;    **** END ****
```

```
            LEA       DX, RESULT
            LEA       SI, NAME1
            CALL      SAVE             ;SAVE RESULT TO FILE
            RET
    START   ENDP
    CSEG    ENDS
            END       START
```

★★

第 37 题

请编制程序,其功能是:内存中连续存放着 20 个十六位二进制数,对每个数逻辑右移,使其最低位为"1"(值为零的字不变)。

例如:

内存中有　　　A704H(1010011100000100B), 0000H, 9A58H…

结果为　　　　29C1H(0010100111000001B), 0000H, 134BH…

部分程序已给出,其中原始数据由过程 LOAD 从文件 INPUT1.DAT 中读入 SOURCE 开始的内存单元中,运算结果要求从 RESULT 开始存放,由过程 SAVE 保存到文件 OUTPUT1.DAT 中。

请在 BEGIN 和 END 之间的源程序中填空,使其完整(空白已用横线标出,每个空白一般只需一条指令,但采用功能相当的多条指令亦可),或删除 BEGIN 和 END 之间原有的代码,并自行编程,完成所要求的功能。

对程序必须进行汇编,并与 IO.OBJ 链接产生可执行文件,最终运行程序产生结果。调试过程中,若发现程序存在错误,请加以修改。

试题程序:

```
            EXTRN     LOAD:FAR,SAVE:FAR
    N       EQU       20

    STAC    SEGMENT   STACK
            DB        128  DUP(?)
    STAC    ENDS

    DATA    SEGMENT
    SOURCE  DW        N DUP(?)
    RESULT  DW        N DUP(0)
    NAME0   DB        'INPUT1.DAT',0
    NAME1   DB        'OUTPUT1.DAT',0
    DATA    ENDS
```

```
        CODE    SEGMENT
                ASSUME      CS:CODE, DS:DATA, SS:STAC
        START   PROC        FAR
                PUSH        DS
                XOR         AX,AX
                PUSH        AX
                MOV         AX,DATA
                MOV         DS,AX

                LEA         DX,SOURCE       ; 数据区起始地址
                LEA         SI,NAME0        ; 原始数据文件名
                MOV         CX,2*N          ; 字节数
                CALL        LOAD            ; 从'INPUT1.DAT'中读取数据
        ;   **** BEGIN ****
                LEA         SI,SOURCE
                LEA         DI, RESULT
                MOV         CX,N
        NEXT:   MOV         AX,[SI]
                CMP         AX,    (1)
                JE          SKIP
        LOOP1:   (2)        AX,0001H
                J  (3)      SKIP
                 (4)        AX,1
                JMP         LOOP1
        SKIP:   MOV         [DI],AX
                ADD         SI,2
                ADD         DI,2
                 (5)

        ;   **** END ****
                LEA         DX,RESULT       ; 结果数据区首址
                LEA         SI,NAME1        ; 结果文件名
                MOV         CX,N*2          ; 结果字节数
                CALL        SAVE            ; 保存结果到文件
                RET
        START   ENDP
        CODE    ENDS
                END         START
```

★★

第 38 题

请编制程序，其功能是：内存中从 SOURCE 开始连续存放着 20 个十六位二进制数，试统计每个数中二进制位为 1 的个数。结果以字节存放。

例如：

内存中有　　139CH, 5B8CH, 1489H …

结果为　　　07H,　08H,　05H…

部分程序已给出，其中原始数据由过程 LOAD 从文件 INPUT1.DAT 中读入 SOURCE 开始的内存单元中。运算结果要求从 RESULT 开始存放，由过程 SAVE 保存到文件 OUTPUT1.DAT 中。

请在 BEGIN 和 END 之间的源程序中填空，使其完整（空白已用横线标出，每个空白一般只需一条指令，但采用功能相当的多条指令亦可），或删除 BEGIN 和 END 之间原有的代码，并自行编程，完成所要求的功能。

对程序必须进行汇编，并与 IO.OBJ 链接产生可执行文件，最终运行程序产生结果。调试过程中，若发现程序存在错误，请加以修改。

试题程序：

```
        EXTRN       LOAD:FAR,SAVE:FAR
N       EQU         20

STAC    SEGMENT     STACK
        DB          128  DUP(?)
STAC    ENDS

DATA    SEGMENT
SOURCE  DW          N  DUP(?)
RESULT  DB          N  DUP(0)
NAME0   DB          'INPUT1.DAT',0
NAME1   DB          'OUTPUT1.DAT',0
DATA    ENDS

CODE    SEGMENT
        ASSUME      CS:CODE, DS:DATA, SS:STAC
START   PROC        FAR
        PUSH        DS
        XOR         AX,AX
        PUSH        AX
        MOV         AX,DATA
        MOV         DS,AX
```

```
            LEA        DX,SOURCE           ; 数据区起始地址
            LEA        SI,NAME0            ; 原始数据文件名
            MOV        CX,2*N              ; 字节数
            CALL       LOAD               ; 从'INPUT1.DAT'中读取数据
;    **** BEGIN ****
            LEA        SI,SOURCE
            LEA        DI, RESULT
            CLD
            MOV        DX,N
LOOP0:
            LODS        ___(1)___
               ___(2)___
            MOV        CX,16
LOOP1: ROL        AX,1
            J___(3)___  NEXT
            INC        BX
NEXT:  LOOP          ___(4)___
            MOV        [DI],BL
            ___(5)___
            DEC        DX
            JNZ        LOOP0

;    **** END ****
            LEA        DX,RESULT           ; 结果数据区首址
            LEA        SI,NAME1            ; 结果文件名
            MOV        CX,N                ; 结果字节数
            CALL       SAVE               ; 保存结果到文件
            RET
START  ENDP
CODE   ENDS
            END        START
```

☆☆

第 39 题

请编制程序,其功能是:以 SOURCE 开始的内存区域存放着 N 个字节的压缩 BCD 码,将每个压缩 BCD 码转换成两个 ASCII 值,并在最高位增加偶校验位,结果存放在 RESULT 指示的内存区域。

例如:

原压缩 BCD 码   26H, 75H, 91H, 33H …

结果为　　　　　B2H, 36H, B7H …

部分程序已给出，其中原始数据由过程 LOAD 从文件 INPUT1.DAT 中读入 SOURCE 开始的内存单元中。运算结果要求从 RESULT 开始存放，由过程 SAVE 保存到文件 OUTPUT1.DAT 中。

请在 BEGIN 和 END 之间的源程序中填空，使其完整（空白已用横线标出，每个空白一般只需一条指令，但采用功能相当的多条指令亦可），或删除 BEGIN 和 END 之间原有的代码，并自行编程，完成所要求的功能。

对程序必须进行汇编，并与 IO.OBJ 链接产生可执行文件，最终运行程序产生结果。调试过程中，若发现程序存在错误，请加以修改。

试题程序：

```
        EXTRN       LOAD:FAR,SAVE:FAR
N       EQU         10

STAC    SEGMENT     STACK
        DB          128  DUP(?)
STAC    ENDS


DATA    SEGMENT
SOURCE  DB          N  DUP(0)
RESULT  DB          2*N  DUP(0)
NAME0   DB          'INPUT1.DAT',0
NAME1   DB          'OUTPUT1.DAT',0
DATA    ENDS


CODE    SEGMENT
        ASSUME      CS:CODE, DS:DATA, SS:STAC
START   PROC        FAR
        PUSH        DS
        XOR         AX,AX
        PUSH        AX
        MOV         AX,DATA
        MOV         DS,AX
        MOV         ES,AX               ; 置附加段寄存器

        LEA         DX,SOURCE           ; 数据区起始地址
        LEA         SI,NAME0            ; 原始数据文件名
        MOV         CX,N                ; 字节数
        CALL        LOAD                ; 从'INPUT1.DAT'中读取数据
;   **** BEGIN ****
```

```
              LEA         SI,SOURCE
              MOV         DI,OFFSET RESULT
              MOV         CX,N
    SERCH1:   MOV         ___(1)___
              MOV         AH,AL
              AND         AH,0FH
              AND         AL,0F0H
              PUSH        CX
              MOV         CH,4
                      ___(2)___
                      ___(3)___
              ADD         AL,30H
                      ___(4)___
              OR          AL,80H
    SERCH2:   MOV         [DI],AL
              INC         DI
                      ___(5)___
              JP          SERCH3
              OR          AH,80H
    SERCH3:   MOV         [DI],AL
              INC         DI
              INC         SI
              ___(6)___   SERCH1
    ;    **** END ****
              LEA         DX,RESULT       ; 结果数据区首址
              LEA         SI,NAME1        ; 结果文件名起始地址
              MOV         CX,2*N          ; 字节数
              CALL        SAVE            ; 保存结果到'OUTPUT1.DAT'文件中
              RET
    START     ENDP
    CODE      ENDS
              END         START
```

☆☆☆

第 40 题

请编制程序，其功能是：内存中连续存放着两个无符号字节数序列 A_k 和 B_k（k=0, 1, …, 9），求序列 C_k，$C_k=A_k \div B_k$（运算结果按序以字的形式连续存放，其中低字节为商，高字节为余数）。

例如：

序列 A_k 为 01H, 7FH, 80H, FFH…

序列 B_k 为 FFH, 80H, 7FH, 01H…

结果 C_k 为 0100H（00H 为商、01H 为余数），7F00H, 0101H, 00FFH…

部分程序已给出，其中原始数据由过程 LOAD 从文件 INPUT1.DAT 中读入 SOURCE 开始的内存单元中，运算结果要求从 RESULT 开始存放，由过程 SAVE 保存到文件 OUTPUT1.DAT 中。

请在 BEGIN 和 END 之间的源程序中填空，使其完整（空白已用横线标出，每个空白一般只需一条指令，但采用功能相当的多条指令亦可），或删除 BEGIN 和 END 之间原有的代码，并自行编程，完成所要求的功能。

对程序必须进行汇编，并与 IO.OBJ 链接产生可执行文件，最终运行程序产生结果。调试过程中，若发现程序存在错误，请加以修改。

试题程序：

```
        EXTRN       LOAD:FAR,SAVE:FAR
N       EQU         10

STAC    SEGMENT     STACK
        DB          128  DUP(?)
STAC    ENDS


DATA    SEGMENT
SOURCE  DB          N*2  DUP(?)
RESULT  DW          N  DUP(0)
NAME0   DB          'INPUT1.DAT',0
NAME1   DB          'OUTPUT1.DAT',0
DATA    ENDS


CODE    SEGMENT
        ASSUME      CS:CODE, DS:DATA, SS:STAC
START   PROC        FAR
        PUSH        DS
        XOR         AX,AX
        PUSH        AX
        MOV         AX,DATA
        MOV         DS,AX

        LEA         DX,SOURCE      ; 数据区起始地址
        LEA         SI,NAME0       ; 原始数据文件名
        MOV         CX,N*2         ; 字节数
        CALL        LOAD           ; 从'INPUT1.DAT'中读取数据
```

```
;      **** BEGIN ****
            MOV         DI,OFFSET RESULT
            MOV         BX,0
                        (1)
PRO:        MOV         (2)
            (3)      ,SOURCE[BX]
            XOR         AH,AH
            DIV         (4)
            MOV         [DI],  (5)
            ADD         DI,2
            (6)
            DEC         CX
            (7)      PRO
;      **** END ****
            LEA         DX,RESULT          ; 结果数据区首址
            LEA         SI,NAME1           ; 结果文件名
            MOV         CX,2*N             ; 结果字节数
            CALL        SAVE               ; 保存结果到文件
            RET
START       ENDP
CODE        ENDS
            END         START
```

★★★

第 41 题

请编制程序，其功能是：内存中连续存放着 16 个 10 位二进制数 $DB_9DB_8\cdots DB_0$，每个二进制数均用两个字节表示，其存放格式均为

$DB_9\ DB_8\ DB_7\ DB_6\ DB_5\ DB_4\ DB_3\ DB_2$ $DB_1\ DB_0\ 0\ \ 0\ \ 0\ \ 0\ \ 0\ \ 0$

|←——— 低地址字节 ———→| |←——— 高地址字节 ———→|

请按序将每个 10 位无符号二进制数转换成以下格式

$DB_7DB_6DB_5DB_4DB_3DB_2DB_1DB_0$ $0\ \ 0\ \ 0\ \ 0\ \ 0\ \ 0\ \ DB_9\ DB_8$

|←——— 低地址字节 ———→| |←——— 高地址字节 ———→|

转换结果按原序存放在内存中。

例如：

内存中有   C048H, 4091H, 0080H …

结果为   23H, 01H, 45H, 02H, 00H, 02H …

部分程序已给出，其中原始数据由过程 LOAD 从文件 INPUT1.DAT 中读入 SOURCE 开始的内存单元中。运算结果要求从 RESULT 开始存放，由过程 SAVE 保存到文件 OUTPUT1.DAT 中。

请在 BEGIN 和 END 之间的源程序中填空，使其完整（空白已用横线标出，每个空白一般只需一条指令，但采用功能相当的多条指令亦可），或删除 BEGIN 和 END 之间原有的代码，并自行编程，完成所要求的功能。

对程序必须进行汇编，并与 IO.OBJ 链接产生可执行文件，最终运行程序产生结果。调试过程中，若发现程序存在错误，请加以修改。

试题程序：

```
            EXTRN       LOAD:FAR,SAVE:FAR
N           EQU         16

STAC        SEGMENT     STACK
            DB          128  DUP(?)
STAC        ENDS

DATA        SEGMENT
SOURCE      DW          N  DUP(?)
RESULT      DB          N*2  DUP(0)
NAME0       DB          'INPUT1.DAT',0
NAME1       DB          'OUTPUT1.DAT',0
DATA        ENDS

CODE        SEGMENT
            ASSUME      CS:CODE, DS:DATA, SS:STAC
START       PROC        FAR
            PUSH        DS
            XOR         AX,AX
            PUSH        AX
            MOV         AX,DATA
            MOV         DS,AX

            LEA         DX,SOURCE       ; 数据区起始地址
            LEA         SI,NAME0        ; 原始数据文件名
            MOV         CX,N*2          ; 字节数
            CALL        LOAD            ; 从 'INPUT1.DAT' 中读取数据
;   **** BEGIN ****
            MOV         DI,OFFSET RESULT
            MOV         BX,0
            MOV         CH,N
PRO:        MOV         AH,BYTE PTR SOURCE[BX]
            MOV         AL,      (1)
```

```
            MOV       DL,AH             ; 10 位无符号二进制数高八位
            MOV       DH,AL             ; 10 位无符号二进制数低二位
            MOV       CL,2
            SHL       AX,   (2)
            SHL       DX,   (3)
            MOV       AL,DH
            MOV       [DI],   (4)
            MOV       [DI+1],   (5)
            ADD       DI,2
            ADD       BX,2
            DEC       CH
            JNZ       PRO
    ;   **** END ****
            LEA       DX,RESULT          ; 结果数据区首址
            LEA       SI,NAME1           ; 结果文件名
            MOV       CX,N*2             ; 结果字节数
            CALL      SAVE               ; 保存结果到文件
            RET
START       ENDP
CODE        ENDS
            END       START
```

★★★

第 42 题

请编制程序，其功能是：内存中连续存放着 20 个无符号字节数序列，请将它们排成升序（从小到大）。

例如：

内存中有　　　01H, 04H, 02H…(假设后 17 个字节均大与 04H)

结果为　　　　01H, 02H, 04H…(后跟 17 个字节，按从小到大的顺序排列)

部分程序已给出，其中原始数据由过程 LOAD 从文件 INPUT1.DAT 中读入 SOURCE 开始的内存单元中。运算结果要求从 RESULT 开始存放，由过程 SAVE 保存到文件 OUTPUT1.DAT 中。

请在 BEGIN 和 END 之间的源程序中填空，使其完整（空白已用横线标出，每个空白一般只需一条指令，但采用功能相当的多条指令亦可），或删除 BEGIN 和 END 之间原有的代码，并自行编程，完成所要求的功能。

对程序必须进行汇编，并与 IO.OBJ 链接产生可执行文件，最终运行程序产生结果。调试过程中，若发现程序存在错误，请加以修改。

试题程序：

```
        EXTRN      LOAD:FAR,SAVE:FAR
N       EQU        20

STAC    SEGMENT    STACK
        DB         128  DUP(?)
STAC    ENDS

DATA    SEGMENT
SOURCE  DB         N  DUP(?)
RESULT  DB         N  DUP(0)
NAME0   DB         'INPUT1.DAT',0
NAME1   DB         'OUTPUT1.DAT',0
DATA    ENDS

CODE    SEGMENT
        ASSUME     CS:CODE, DS:DATA, SS:STAC
START   PROC       FAR
        PUSH       DS
        XOR        AX,AX
        PUSH       AX
        MOV        AX,DATA
        MOV        DS,AX

        LEA        DX,SOURCE       ; 数据区起始地址
        LEA        SI,NAME0        ; 原始数据文件名
        MOV        CX,N            ; 字节数
        CALL       LOAD            ; 从'INPUT1.DAT'中读取数据
;   **** BEGIN ****
        LEA        SI,SOURCE
        LEA        DI,RESULT
MOV     CX,N
NEXT0:  MOV        AL,[SI]
        MOV        [DI],AL
        INC        SI
            (1)
        LOOP         (2)
        CLD
        MOV        BX,   (3)
NEXT1:  LEA        SI,RESULT
        MOV        CX,BX
```

```
      NEXT2:   LOD      (4)
               CMP         [SI],AL
               JAE         ___(5)___
               XCHG        [SI], ___(6)___
               MOV         [SI-1],AL
      NEXT3:   LOOP        ___(7)___
               DEC         ___(8)___
               JNZ         ___(9)___
      ;    **** END ****
               LEA         DX,RESULT        ; 结果数据区首址
               LEA         SI,NAME1         ; 结果文件名
               MOV         CX,N             ; 结果字节数
               CALL        SAVE             ; 保存结果到文件
               RET
      START    ENDP
      CODE     ENDS
               END      START
```

★★

第 43 题

请编制程序,其功能是:内存中连续存放着 20 个十进制数的 ASCII 字符,把它们转换成压缩型(组合型)BCD 码。

例如:

内存中有　　31H('1'), 32H('2'), 33H('3'), 34H('4') …（共 20 个字节）

结果为　　　21H, 43H, … (共十个字节)

部分程序已给出,其中原始数据由过程 LOAD 从文件 INPUT1.DAT 中读入 SOURCE 开始的内存单元中。运算结果要求从 RESULT 开始存放,由过程 SAVE 保存到文件 OUTPUT1.DAT 中。

请在 BEGIN 和 END 之间的源程序中填空,使其完整（空白已用横线标出,每个空白一般只需一条指令,但采用功能相当的多条指令亦可）,或删除 BEGIN 和 END 之间原有的代码,并自行编程,完成所要求的功能。

对程序必须进行汇编,并与 IO.OBJ 链接产生可执行文件,最终运行程序产生结果。调试过程中,若发现程序存在错误,请加以修改。

试题程序:

```
               EXTRN       LOAD:FAR,SAVE:FAR
      N        EQU         10

      STAC     SEGMENT     STACK
```

```
            DB          128 DUP(?)
    STAC    ENDS


    DATA    SEGMENT
    SOURCE  DB          N*2 DUP(?)
    RESULT  DB          N  DUP(0)
    NAME0   DB          'INPUT1.DAT',0
    NAME1   DB          'OUTPUT1.DAT',0
    DATA    ENDS


    CODE    SEGMENT
            ASSUME      CS:CODE, DS:DATA, SS:STAC
    START   PROC        FAR
            PUSH        DS
            XOR         AX,AX
            PUSH        AX
            MOV         AX,DATA
            MOV         DS,AX

            LEA         DX,SOURCE       ; 数据区起始地址
            LEA         SI,NAME0        ; 原始数据文件名
            MOV         CX,N*2          ; 字节数
            CALL        LOAD            ; 从 'INPUT1.DAT' 中读取数据
    ;  **** BEGIN ****
            LEA         SI,SOURCE
            LEA         DI,RESULT
    MOV     CX,N
            CLD
    NEXT:   LODS____(1)____
            AND         AL,__(2)__
            MOV         BL,AL
            LODS____(3)____
            PUSH        ____(4)____
            MOV         CL,__(5)__
            SAL         AL,CL
            POP         ____(6)____
            ADD         AL,__(7)__
            MOV         [DI],AL
            INC         DI
            LOOP        NEXT
```

85

```
;    **** END ****
        LEA       DX,RESULT        ; 结果数据区首址
        LEA       SI,NAME1         ; 结果文件名
        MOV       CX,N             ; 结果字节数
        CALL      SAVE             ; 保存结果到文件
        RET
START   ENDP
CODE    ENDS
        END       START
```

✦✦✦

第 44 题

请编制程序，其功能是：内存中连续存放着 5 个用压缩型（组合型）BCD 码表示的十进制数，请将它们分别转换成 ASCII 字符，高位的 BCD 码转换后放在较高的地址单元。

例如：

内存中有　　　21H, 43H …(共 5 个字节)

结果为　　　　31H('1'), 32H('2'), 33H('3'), 34H('4') … (共 10 个字节)

部分程序已给出，其中原始数据由过程 LOAD 从文件 INPUT1.DAT 中读入 SOURCE 开始的内存单元中。运算结果要求从 RESULT 开始存放，由过程 SAVE 保存到文件 OUTPUT1.DAT 中。

请在 BEGIN 和 END 之间的源程序中填空，使其完整（空白已用横线标出，每个空白一般只需一条指令，但采用功能相当的多条指令亦可），或删除 BEGIN 和 END 之间原有的代码，并自行编程，完成所要求的功能。

对程序必须进行汇编，并与 IO.OBJ 链接产生可执行文件，最终运行程序产生结果。调试过程中，若发现程序存在错误，请加以修改。

试题程序：

```
        EXTRN       LOAD:FAR,SAVE:FAR
N       EQU         5

STAC    SEGMENT     STACK
        DB          128  DUP(?)
STAC    ENDS

DATA    SEGMENT
SOURCE  DB          N DUP(?)
RESULT  DB          N*2  DUP(0)
NAME0   DB          'INPUT1.DAT',0
NAME1   DB          'OUTPUT1.DAT',0
```

```
        DATA    ENDS

        CODE    SEGMENT
                ASSUME    CS:CODE, DS:DATA, SS:STAC
        START   PROC      FAR
                PUSH      DS
                XOR       AX,AX
                PUSH      AX
                MOV       AX,DATA
                MOV       DS,AX

                LEA       DX,SOURCE        ; 数据区起始地址
                LEA       SI,NAME0         ; 原始数据文件名
                MOV       CX,N             ; 字节数
                CALL      LOAD             ; 从'INPUT1.DAT'中读取数据
        ;    **** BEGIN ****
                LEA       SI,SOURCE
                LEA       DI,RESULT
        MOV     CX,N
                CLD
        NEXT:   LODS      (1)
                MOV       BL,AL
                AND       AL,   (2)
                OR        AL,30H
                MOV       [DI],AL
                INC       DI
                MOV       AL,   (3)
                PUSH         (4)
                MOV       CL,   (5)
                SAR       AL,CL
                POP          (6)
                OR        AL,30H
                MOV       [DI],AL
                INC       DI
                LOOP      NEXT
        ;    **** END ****
                LEA       DX,RESULT        ; 结果数据区首址
                LEA       SI,NAME1         ; 结果文件名
                MOV       CX,N*2           ; 结果字节数
                CALL      SAVE             ; 保存结果到文件
```

87

```
            RET
START       ENDP
CODE        ENDS
            END         START
```

✫✫

第 45 题

请编制程序，其功能是：内存中连续存放着两个无符号字节数序列 A_k 和 B_k（k=0, 1, …, 9），求序列 C_k，$C_k=A_k+B_k$（C_k 以字的形式按 C_0, C_1, …, C_9 的顺序连续存放）。

例如：

序列 A_k 为　　30H, 31H, 61H, FFH…

序列 B_k 为　　00H, 01H, F1H, 0AH…

则结果 C_k 为　0030H, 0032H, 0152H, 0109H…

部分程序已给出，其中原始数据由过程 LOAD 从文件 INPUT1.DAT 中读入 SOURCE 开始的内存单元中，运算结果要求从 RESULT 开始存放，由过程 SAVE 保存到文件 OUTPUT1.DAT 中。

请在 BEGIN 和 END 之间的源程序中填空，使其完整（空白已用横线标出，每个空白一般只需一条指令，但采用功能相当的多条指令亦可），或删除 BEGIN 和 END 之间原有的代码，并自行编程，完成所要求的功能。

对程序必须进行汇编，并与 IO.OBJ 链接产生可执行文件，最终运行程序产生结果。调试过程中，若发现程序存在错误，请加以修改。

试题程序：

```
            EXTRN       LOAD:FAR,SAVE:FAR
N           EQU         10

STAC        SEGMENT     STACK
            DB          128  DUP(?)
STAC        ENDS

DATA        SEGMENT
SOURCE      DB          N*2 DUP(?)              ; 顺序存放 A0,…,A9,B0,…,B9
RESULT      DW          N DUP(0)                ; 顺序存放 C0,…,C9
NAME0       DB          'INPUT1.DAT',0
NAME1       DB          'OUTPUT1.DAT',0
DATA        ENDS

CODE        SEGMENT
            ASSUME      CS:CODE, DS:DATA, SS:STAC
```

```
START    PROC      FAR
         PUSH      DS
         XOR       AX,AX
         PUSH      AX
         MOV       AX,DATA
         MOV       DS,AX

         LEA       DX,SOURCE        ; 数据区起始地址
         LEA       SI,NAME0         ; 原始数据文件名
         MOV       CX,N*2           ; 字节数
         CALL      LOAD             ; 从 'INPUT1.DAT' 中读取数据
;    **** BEGIN ****
         MOV       DI,___(1)___
         MOV       BX,___(2)___
             ___(3)___
PRO:     MOV       AH,0
         MOV       AL,SOURCE[BX+10] ; 序列 Bk 中的一个字节
             ___(4)___             ; Ck=Bk+Ak
         JNC       JUMP             ; 无进位转 JUMP
             ___(5)___             ; 有进位，进位入 AH
JUMP:    MOV       [DI],AX          ; Ck=Bk+Ak 的字的形式存入 RESULT
         INC       BX
             ___(6)___
         DEC       CX
         JNZ       PRO
;    **** END ****
         LEA       DX,RESULT        ; 结果数据区首址
         LEA       SI,NAME1         ; 结果文件名
         MOV       CX,N*2           ; 结果字节数
         CALL      SAVE             ; 保存结果到文件
         RET
START    ENDP
CODE     ENDS
         END       START
```

☆☆

第 46 题

请编制程序，其功能是：内存中连续存放着两个有符号字节数序列 A_k 和 B_k（k=0, 1, …, 9），求序列 C_k，$C_k = A_k - B_k$（C_k 以有符号字的形式按 C_0, C_1, …, C_9 的顺序连续存放）。

例如:

序列 A_K 为　　30H, 80H(-128D), 7FH(127D)…

序列 B_K 为　　00H, 7FH(127D), 80H(-128D)…

则结果 C_K 为 0030H, FF01H, 00FFH…

部分程序已给出,其中原始数据由过程 LOAD 从文件 INPUT1.DAT 中读入 SOURCE 开始的内存单元中,运算结果要求从 RESULT 开始存放,由过程 SAVE 保存到文件 OUTPUT1.DAT 中。

请在 BEGIN 和 END 之间的源程序中填空,使其完整(空白已用横线标出,每个空白一般只需一条指令,但采用功能相当的多条指令亦可),或删除 BEGIN 和 END 之间原有的代码,并自行编程,完成所要求的功能。

对程序必须进行汇编,并与 IO.OBJ 链接产生可执行文件,最终运行程序产生结果。调试过程中,若发现程序存在错误,请加以修改。

试题程序:

```
            EXTRN       LOAD:FAR,SAVE:FAR
N           EQU         10

STAC        SEGMENT     STACK
            DB          128  DUP(?)
STAC        ENDS

DATA        SEGMENT
SOURCE      DB          N*2 DUP(?)          ; 顺序存放 A0,…,A9,B0,…,B9
RESULT      DW          N DUP(0)            ; 顺序存放 C0,…,C9
NAME0       DB          'INPUT1.DAT',0
NAME1       DB          'OUTPUT1.DAT',0
DATA        ENDS

CODE        SEGMENT
            ASSUME      CS:CODE, DS:DATA, SS:STAC
START       PROC        FAR
            PUSH        DS
            XOR         AX,AX
            PUSH        AX
            MOV         AX,DATA
            MOV         DS,AX

            LEA         DX,SOURCE       ; 数据区起始地址
            LEA         SI,NAME0        ; 原始数据文件名
            MOV         CX,N*2          ; 字节数
```

```
            CALL        LOAD            ; 从'INPUT1.DAT'中读取数据
;    **** BEGIN ****
            LEA         DI,RESULT       ; 结果从 RESULT 开始存放
            MOV         CX,N
            MOV         BX,0
            MOV         AH,0
PRO:        MOV         AL,SOURCE[BX]   ; 序列 Ak 中的一个字节
            MOV         DH,AL
            _____(1)_____               ; Ck=Ak-Bk
            JNO         STAY            ; 无溢出转 STAY
            ADD         DH,0            ; 有溢出
            (2)         DEC1            ; Ak 为正数（为一个正数减去一个负
                                        ; 数，结果为负数的溢出情况）转 DEC1
            MOV         AH,__(3)__      ; Ak 为负数（为一个负数减去一个正数，
                                        ; 结果为正数的溢出情况）将结果变为
                                        ; 有符号字的形式（为负）
            JMP         _____(4)_____
DEC1:       MOV         AH,00H          ; 将结果变为有符号字的形式（为正）
            JMP         _____(5)_____
STAY:       _____(6)_____               ; AL 中数的符号扩展到 AH，正的字节变
                                        ; 成正的字，负的字节变成负的字
JUMP1:      MOV         [DI],AX
            ADD         DI,2
            INC         BX
            DEC         CX
            JNZ         PRO
;    **** END ****
            LEA         DX,RESULT       ; 结果数据区首址
            LEA         SI,NAME1        ; 结果文件名
            MOV         CX,N*2          ; 结果字节数
            CALL        SAVE            ; 保存结果到文件
            RET
START       ENDP
CODE        ENDS
            END         START
```

****

第 47 题

请编制程序，其功能是：内存中连续存放着两个无符号字节数序列 A_k 和 B_k（k=0, 1, …,

9)，求序列 C_k，$C_k=A_k×B_k$（C_k 以字的形式按 $C_0, C_1, \cdots, C_9$ 的顺序连续存放）。

例如：

序列 A_k 为　　FFH, 80H, 7FH, 00H…

序列 B_k 为　　FFH, 80H, 01H, 02H…

则结果 C_k 为　FE01H, 4000H, 007FH, 0000H…

部分程序已给出，其中原始数据由过程 LOAD 从文件 INPUT1.DAT 中读入 SOURCE 开始的内存单元中，运算结果要求从 RESULT 开始存放，由过程 SAVE 保存到文件 OUTPUT1.DAT 中。

请在 BEGIN 和 END 之间的源程序中填空，使其完整（空白已用横线标出，每个空白一般只需一条指令，但采用功能相当的多条指令亦可），或删除 BEGIN 和 END 之间原有的代码，并自行编程，完成所要求的功能。

对程序必须进行汇编，并与 IO.OBJ 链接产生可执行文件，最终运行程序产生结果。调试过程中，若发现程序存在错误，请加以修改。

试题程序：

```
        EXTRN       LOAD:FAR,SAVE:FAR
N       EQU         20

STAC    SEGMENT     STACK
        DB          128  DUP(?)
STAC    ENDS

DATA    SEGMENT
SOURCE  DB          N*2 DUP(?)
RESULT  DW          N  DUP(0)            ; 存放结果
NAME0   DB          'INPUT1.DAT',0
NAME1   DB          'OUTPUT1.DAT',0
DATA    ENDS

CODE    SEGMENT
        ASSUME      CS:CODE, DS:DATA, SS:STAC
START   PROC        FAR
        PUSH        DS
        XOR         AX,AX
        PUSH        AX
        MOV         AX,DATA
        MOV         DS,AX

        LEA         DX,SOURCE           ; 数据区起始地址
        LEA         SI,NAME0            ; 原始数据文件名
```

```
        MOV        CX,N*2              ; 字节数
        CALL       LOAD                ; 从'INPUT1.DAT'中读取数据
;   **** BEGIN ****
               (1)        ,OFFSET RESULT
        MOV        BX,0
               (2)
PRO:           (3)        ,SOURCE[BX+N]
               (4)
        MOV        [DI],AX
        ADD        DI,2
        INC        BX
               (5)
        JNZ        PRO
;   **** END ****
        LEA        DX,RESULT           ; 结果数据区首址
        LEA        SI,NAME1            ; 结果文件名
        MOV        CX,N*2              ; 结果字节数
        CALL       SAVE                ; 保存结果到文件
        RET
START   ENDP
CODE    ENDS
        END        START
```

☆☆☆

第 48 题

请编制程序，其功能是：内存中连续存放着 20 个无符号 8 位二进制数，每个数为摇号机一次摇出的两个号码的压缩 BCD 码表示。现统计此 20 次摇号中号码 0, 1, 2, …, 9 出现的次数，将结果存入内存。

例如：

内存中有 　　00H，02H，32H，45H，08H，19H，67H，51H，90H，85H，

　　　　　　62H，44H，73H，57H，39H，81H，36H，92H，21H，05H

结果为 　　　06H，04H，05H，04H，03H，05H，03H，03H，03H，04H

部分程序已给出，其中原始数据由过程 LOAD 从文件 INPUT1.DAT 中读入 SOURCE 开始的内存单元中，运算结果要求从 RESULT 开始存放，由过程 SAVE 保存到文件 OUTPUT1.DAT 中。

请在 BEGIN 和 END 之间的源程序中填空，使其完整（空白已用横线标出，每个空白一般只需一条指令，但采用功能相当的多条指令亦可），或删除 BEGIN 和 END 之间原有的代码，并自行编程，完成所要求的功能。

对程序必须进行汇编，并与 IO.OBJ 链接产生可执行文件，最终运行程序产生结果。调

试过程中，若发现程序存在错误，请加以修改。

试题程序：

```
        EXTRN       LOAD:FAR,SAVE:FAR
N       EQU         20

STAC    SEGMENT     STACK
        DB          128  DUP(?)
STAC    ENDS

DATA    SEGMENT
SOURCE  DB          N DUP(?)          ; 顺序存放 10 个字节数
RESULT  DB          (N/2)  DUP(0)     ; 存放结果
NAME0   DB          'INPUT1.DAT',0
NAME1   DB          'OUTPUT1.DAT',0
DATA    ENDS

CODE    SEGMENT
        ASSUME      CS:CODE, DS:DATA, SS:STAC
START   PROC        FAR
        PUSH        DS
        XOR         AX,AX
        PUSH        AX
        MOV         AX,DATA
        MOV         DS,AX

        LEA         DX,SOURCE         ; 数据区起始地址
        LEA         SI,NAME0          ; 原始数据文件名
        MOV         CX,N              ; 字节数
        CALL        LOAD              ; 从'INPUT1.DAT'中读取数据
;  **** BEGIN ****
        LEA         SI,SOURCE
        MOV         CX,20
        MOV         BX,0
AGN0:   MOV         AH,[SI]
            (1)
        AND         AL,0FH
            (2)
        PUSH        CX
        MOV         CX,4
```

94

```
AGN1:        (3)          AH,1
             LOOP         AGN1
             POP          CX
             MOV          BL,AH
                    (4)
             MOV          BL,AL
                (5)
             INC          SI
NEXT:        LOOP         AGN0
;    **** END ****
             LEA          DX,RESULT     ; 结果数据区首址
             LEA          SI,NAME1      ; 结果文件名
             MOV          CX,N/2        ; 结果字节数
             CALL         SAVE          ; 保存结果到文件
             RET
START        ENDP
CODE         ENDS
             END          START
```

✵✵

第 49 题

请编制程序，其功能是：内存中连续存放着 20 个无符号 8 位二进制数，每个数为摇号机一次摇出的两个号码的压缩 BCD 码表示。每个号码为 1 至 4 之间的数。现统计此 20 次摇号中两号码相加值分别为 2、3、4、5、6、7、8 的次数，将结果存入内存。

例如：

内存中有　　12H, 32H, 31H, 11H, 22H, 24H, 41H, 44H, 11H, 14H,

　　　　　　33H, 21H, 13H, 33H, 23H, 42H, 22H, 34H, 43H, 11H

结果为　　　03H, 02H, 04H, 04H, 04H, 02H, 01H

部分程序已给出，其中原始数据由过程 LOAD 从文件 INPUT1.DAT 中读入 SOURCE 开始的内存单元中，运算结果要求从 RESULT 开始存放，由过程 SAVE 保存到文件 OUTPUT1.DAT 中。

请在 BEGIN 和 END 之间的源程序中填空，使其完整（空白已用横线标出，每个空白一般只需一条指令，但采用功能相当的多条指令亦可），或删除 BEGIN 和 END 之间原有的代码，并自行编程，完成所要求的功能。

对程序必须进行汇编，并与 IO.OBJ 链接产生可执行文件，最终运行程序产生结果。调试过程中，若发现程序存在错误，请加以修改。

试题程序：

```
             EXTRN        LOAD:FAR,SAVE:FAR
```

```
        N          EQU          20

        STAC       SEGMENT      STACK
                   DB           128 DUP(?)
        STAC       ENDS


        DATA       SEGMENT
        SOURCE     DB           N DUP(?)           ; 顺序存放 20 个字节数
        RESULT     DB           7 DUP(0)           ; 存放结果
        NAME0      DB           'INPUT1.DAT',0
        NAME1      DB           'OUTPUT1.DAT',0
        DATA       ENDS


        CODE       SEGMENT
                   ASSUME       CS:CODE, DS:DATA, SS:STAC
        START      PROC         FAR
                   PUSH         DS
                   XOR          AX,AX
                   PUSH         AX
                   MOV          AX,DATA
                   MOV          DS,AX

                   LEA          DX,SOURCE          ; 数据区起始地址
                   LEA          SI,NAME0           ; 原始数据文件名
                   MOV          CX,N               ; 字节数
                   CALL         LOAD               ; 从 'INPUT1.DAT' 中读取数据
;       **** BEGIN ****
                   LEA          SI,SOURCE
                   MOV          CX,20
        AGN0:      MOV          ___(1)___,0
                   MOV          AH,[SI]
                   MOV          AL,AH
                   AND          AL,0FH
                   AND          AH,0F0H
                   PUSH         CX
                   MOV          CX,4
        AGN1:      ___(2)___    AH,1
                   LOOP         AGN1
                   POP          CX
                   ADD          AL,___(3)___
```

```
        ADD          (4) , (5)
        ADC          BH,0
        (6)          BX,2
        (7)
        INC          SI
NEXT:   LOOP         AGN0
;   **** END ****
        LEA          DX,RESULT       ; 结果数据区首址
        LEA          SI,NAME1        ; 结果文件名
        MOV          CX,7            ; 结果字节数
        CALL         SAVE            ; 保存结果到文件
        RET
START   ENDP
CODE    ENDS
        END          START
```

★★

第 50 题

请编制程序,其功能是: 内存中连续存放着两个有符号字节数序列 A_k 和 B_k(K=0, 1, …, 9),求序列 C_k, $C_k=A_k+B_k$(C_k 以有符号字的形式按 C_0, C_1, …, C_9 的顺序连续存放)。

例如:

序列 A_k 为 80H(-128D), 31H(+49D), 61H(+97D), 7FH(+127D)…

序列 B_k 为 80H(-128D), 01H(+1D), F1H(-15D), 7FH(+127D)…

结果 C_k 为 FF00H(-256D), 0032H(+50D), 0052H(+82D), 00FEH(+254D)…

部分程序已给出,其中原始数据由过程 LOAD 从文件 INPUT1.DAT 中读入 SOURCE 开始的内存单元中,运算结果要求从 RESULT 开始存放,由过程 SAVE 保存到文件 OUTPUT1.DAT 中。

请在 BEGIN 和 END 之间的源程序中填空,使其完整(空白已用横线标出,每个空白一般只需一条指令,但采用功能相当的多条指令亦可),或删除 BEGIN 和 END 之间原有的代码,并自行编程,完成所要求的功能。

对程序必须进行汇编,并与 IO.OBJ 链接产生可执行文件,最终运行程序产生结果。调试过程中,若发现程序存在错误,请加以修改。

试题程序:

```
        EXTRN        LOAD:FAR,SAVE:FAR
N       EQU          10                      ; 每个序列的长度

STAC    SEGMENT      STACK
        DB           128  DUP(?)
```

```
STAC      ENDS

DATA      SEGMENT
SOURCE    DB         N*2 DUP(?)            ; 顺序存放 A0,…,A9,B0,…,B9
RESULT    DW         N DUP(0)              ; 顺序存放 C0,…,C9
NAME0     DB         'INPUT1.DAT',0
NAME1     DB         'OUTPUT1.DAT',0
DATA      ENDS

CODE      SEGMENT
          ASSUME     CS:CODE, DS:DATA, SS:STAC
START     PROC       FAR
          PUSH       DS
          XOR        AX,AX
          PUSH       AX
          MOV        AX,DATA
          MOV        DS,AX

          LEA        DX,SOURCE             ; 数据区起始地址
          LEA        SI,NAME0              ; 原始数据文件名
          MOV        CX,N*2                ; 字节数
          CALL       LOAD                  ; 从 'INPUT1.DAT' 中读取数据
;    **** BEGIN ****
          MOV        DI,OFFSET RESULT      ; 结果从 RESULT 开始存放
          MOV        BX,0
          MOV        CX,N
PRO:      MOV        AH,0
          MOV        AL,____(1)____        ; 序列 Bk 中的一个字节
          MOV        DL,AL                 ; 暂存 Bk
          ____(2)____ AL,SOURCE[BX]        ; Ck=Bk+Ak
          JNO        STAY                  ; 无溢出转 STAY
JUMP1:    MOV        AH,00                 ; 有溢出
          ADD        DL,0
          JNS        JUMP                  ; Bk 是正数（为一个正数加上一个正数，
                                           ; 结果为负数的溢出情况）转 JUMP（AH
                                           ; 已为 00H）
          MOV        AH,____(3)____        ; Bk 是负数（为一个负数加上一个负数，
                                           ; 结果为正数的溢出情况）将结果变为
                                           ; 有符号字的形式（为负）
          JMP        ____(4)____
```

```
STAY:        (5)                    ; AL 中数的符号扩展到 AH，无符号字节变
                                    ; 成无符号字，有符号字节变成有符号字

JUMP:    MOV      [DI],AX
         ADD      DI,2
         INC      BX
         DEC      CX
         JNZ      PRO
;    **** END ****
         LEA      DX,RESULT         ; 结果数据区首址
         LEA      SI,NAME1          ; 结果文件名
         MOV      CX,N*2            ; 结果字节数
         CALL     SAVE             ; 保存结果到文件
         RET
START    ENDP
CODE     ENDS
         END      START
```

★★

第 51 题

请编制程序，其功能是：内存中连续存放着 16 个 12 位二进制数 $DB_{11}DB_{10}...DB_0$，每个二进制数均用两个字节表示，其存放格式均为

DB_{11} DB_{10} DB_9 DB_8 DB_7 DB_6 DB_5 DB_4 DB_3 DB_2 DB_1 DB_0 0 0 0 0
|←——————— 低地址字节———————→| |←——————————— 高地址字节———————→|

请按序将每个 12 位二进制数转换成以下格式

DB_7DB_6 DB_5 DB_4 DB_3 DB_2 DB_1 DB_0 0 0 0 0 $DB_{11}DB_{10}DB_9DB_8$
|←——————— 低地址字节———————→| |←——————— 高地址字节———————→|

转换结果按原序存放在内存中。

例如：

内存中有 12H,30H,04H,50H,61H,00H…

结果为 0123H,0045H,0610H…

部分程序已给出，其中原始数据由过程 LOAD 从文件 INPUT1.DAT 中读入 SOURCE 开始的内存单元中。运算结果要求从 RESULT 开始存放，由过程 SAVE 保存到文件 OUTPUT1.DAT 中。

请在 BEGIN 和 END 之间的源程序中填空，使其完整（空白已用横线标出，每个空白一般只需一条指令，但采用功能相当的多条指令亦可），或删除 BEGIN 和 END 之间原有的代码，并自行编程，完成所要求的功能。

对程序必须进行汇编，并与 IO.OBJ 链接产生可执行文件，最终运行程序产生结果。调试过程中，若发现程序存在错误，请加以修改。

试题程序：

```
        EXTRN       LOAD:FAR,SAVE:FAR
N       EQU         16

STAC    SEGMENT     STACK
        DB          128  DUP(?)
STAC    ENDS

DATA    SEGMENT
SOURCE  DB          N*2 DUP(?)
RESULT  DW          N DUP(0)
NAME0   DB          'INPUT1.DAT',0
NAME1   DB          'OUTPUT1.DAT',0
DATA    ENDS

CODE    SEGMENT
        ASSUME      CS:CODE, DS:DATA, SS:STAC
START   PROC        FAR
        PUSH        DS
        XOR         AX,AX
        PUSH        AX
        MOV         AX,DATA
        MOV         DS,AX
        LEA         DX,SOURCE       ; 数据区起始地址
        LEA         SI,NAME0        ; 原始数据文件名
        MOV         CX,N*2          ; 字节数
        CALL        LOAD            ; 从'INPUT1.DAT'中读取数据
;   **** BEGIN ****
        MOV         BX,0
        MOV         DI,OFFSET RESULT
        MOV         CH,N
        MOV         CL,____(1)____
PRO:    MOV         AX,____(2)____
        MOV         DX,AX
        SHR         DL,____(3)____      ;12 位无符号二进制数高八位右移
        SHR         AH,____(4)____      ;12 位无符号二进制数低四位右移
        SHL         AL,____(5)____      ;12 位无符号二进制数高八位左移
        OR          ____(6)____         ;新格式 12 位无符号二进制数低八位
        MOV         AL,AH
```

```
        MOV         AH,DL                ;新格式 12 位无符号二进制数高四位
        MOV         BYTE PTR[DI],  (7)
        MOV         BYTE PTR[DI+1], (8)
        ADD         DI,2
        ADD         BX,2
        DEC         CH
        JNZ         PRO
;    **** END ****
        LEA         DX,RESULT            ; 结果数据区首址
        LEA         SI,NAME1             ; 结果文件名
        MOV         CX,N*2               ; 结果字节数
        CALL        SAVE                 ; 保存结果到文件
        RET
START   ENDP
CODE    ENDS
        END         START
```

☆☆☆

第 52 题

请编制程序，其功能是：内存中连续存放着 10 个无符号十六位二进制数，现采用近似计算法求此 10 个数的近似平方根，其方法为：令某个数 X 依次减去 1、3、5、7、9...等奇数，一直减到差值刚刚小于零为止，计算出所作的减法次数 Y，即为该数 X 的近似平方根。得到的结果存入内存。

例如：

内存中有 0100H，0200H...

结果为   0010H，0017H...

部分程序已给出，其中原始数据由过程 LOAD 从文件 INPUT1.DAT 中读入 SOURCE 开始的内存单元中，运算结果要求从 RESULT 开始存放，由过程 SAVE 保存到文件 OUTPUT1.DAT 中。

请填空 BEGIN 和 END 之间已给出的一段源程序使其完整，需填空处已经用横线标出，每个空白一般只需要填一条指令或指令的一部分（指令助记符或操作数），也可以填入功能相当的多条指令，或删去 BEGIN 和 END 之间原有的代码并自行编程来完成所要求的功能。

对程序必须进行汇编，并与 IO.OBJ 链接产生可执行文件，最终运行程序产生结果。调试过程中，若发现程序存在错误，请加以修改。

试题程序：

```
        EXTRN       LOAD:FAR,SAVE:FAR
N       EQU         10
```

```
STAC      SEGMENT      STACK
          DB           128  DUP(?)
STAC      ENDS


DATA      SEGMENT
SOURCE    DW           N DUP(?)              ;顺序存放 10 个字
RESULT    DW           N DUP(0)              ;存放结果
NAME0     DB           'INPUT1.DAT',0
NAME1     DB           'OUTPUT1.DAT',0
DATA      ENDS


CODE      SEGMENT
          ASSUME       CS:CODE , DS:DATA, SS:STAC
START     PROC         FAR
          PUSH         DS
          XOR          AX, AX
          PUSH         AX
          MOV          AX, DATA
          MOV          DS, AX


          LEA          DX, SOURCE      ; 数据区起始地址
          LEA          SI, NAME0       ; 原始数据文件名
          MOV          CX, N*2              ; 字节数
          CALL         LOAD            ; 从' INPUT1. DAT'中读取数据
;    **** BEGIN ****
          LEA          DI, RESULT
          LEA          SI, SOURCE
          MOV          CX, N
AGN0:     MOV          AX, [SI]
          MOV          BX, 0
AGN1:          (1)
          SUB          AX, BX
              (2)      STORE0
                 (3)
          JMP          AGN1
STORE0: INC           BX
                 (4)
          MOV          [DI], BX
          INC          DI
                 (5)
```

```
            INC          SI
                   (6)
            LOOP         AGN0
;    **** END ****
            LEA          DX, RESULT       ; 结果数据区首址
            LEA          SI, NAME1        ; 结果文件名
            MOV          CX, N*2          ; 结果字节数
            CALL         SAVE             ; 保存结果到文件
            RET
START       ENDP
CODE        ENDS
            END          START
```

****

第 53 题

请编制程序，其功能是：内存中连续存放着 10 个无序 8 位有符号二进制数，此十个数中正数和负数各为五个，现按就近原则将该 10 个数排列成负数和正数相间的序列（第一个数为负数）。

例如：

内存中有 81H，88H，A3H，03H，47H，E2H，76H，D8H，13H，50H

结果为　　81H，03H，88H，47H，A3H，76H，E2H，13H，D8H，50H

部分程序已给出，其中原始数据由过程 LOAD 从文件 INPUT1.DAT 中读入 SOURCE 开始的内存单元中，运算结果要求从 RESULT 开始存放，由过程 SAVE 保存到文件 OUTPUT1.DAT 中。

请填空 BEGIN 和 END 之间已给出的一段源程序使其完整，需填空处已经用横线标出，每个空白一般只需要填一条指令或指令的一部分（指令助记符或操作数），也可以填入功能相当的多条指令，或删去 BEGIN 和 END 之间原有的代码并自行编程来完成所要求的功能。

对程序必须进行汇编，并与 IO.OBJ 链接产生可执行文件，最终运行程序产生结果。调试过程中，若发现程序存在错误，请加以修改。

试题程序：

```
            EXTRN        LOAD:FAR,SAVE:FAR
N           EQU          10

STAC        SEGMENT      STACK
            DB           128  DUP(?)
STAC        ENDS

DATA        SEGMENT
```

```
        SOURCE    DB          N DUP(?)              ; 顺序存放 10 个字节数
        RESULT    DB          N DUP(0)              ; 存放结果
        NAME0     DB          'INPUT1.DAT',0
        NAME1     DB          'OUTPUT1.DAT',0
        DATA      ENDS


        CODE      SEGMENT
                  ASSUME      CS:CODE, DS:DATA, SS:STAC
        START     PROC        FAR
                  PUSH        DS
                  XOR         AX,AX
                  PUSH        AX
                  MOV         AX,DATA
                  MOV         DS,AX


                  LEA         DX,SOURCE             ; 数据区起始地址
                  LEA         SI,NAME0              ; 原始数据文件名
                  MOV         CX,N                  ; 字节数
                  CALL        LOAD                  ; 从'INPUT1.DAT'中读取数据
        ;   **** BEGIN ****
                  LEA         DI,RESULT
                  MOV         BL,_____(1)_____
                  MOV         CX,10
        AGN0:     MOV         DX,CX
                  LEA         SI,SOURCE
        AGN1:     MOV         AL,[SI]
                  DEC         DX
                  PUSH        AX
                  AND         AL,80H
                  CMP         _____(2)_____,_____(3)_____
                  JE          STORE1
                  POP         AX
                  INC         SI
                  JMP         AGN1
        STORE1:   POP         AX
                  MOV         [DI],AL
                  INC         DI
                  ADD         _____(4)_____,80H
        ARRY:     CMP         DX,0
                  JZ          NEXT
```

```
        INC     SI
        MOV     AL,[SI]
      (5)       SI
        MOV     [SI],AL
        INC     SI
        DEC     DX
        JMP     ARRY
NEXT:   LOOP    AGN0
;    **** END ****
        LEA     DX,RESULT      ; 结果数据区首址
        LEA     SI,NAME1       ; 结果文件名
        MOV     CX,N           ; 结果字节数
        CALL    SAVE           ; 保存结果到文件
        RET
START   ENDP
CODE    ENDS
        END     START
```

☆☆

第 54 题

请编制程序，其功能是：对内存中两个由 7 个 ASCII 字符组成的字符串进行如下操作：在原字符串之间加上字符#（23H）；在原字符串之后加上字符*（2AH）及另外两个 ASCII 字符，这两个 ASCII 字符为原字符串中各字符（但不包括字符#和*）异或操作后的 ASCII 值（异或操作结果的高 4 位的 ASCII 值在前，低 4 位的 ASCII 值在后）；最后加上回车符（0DH）及换行符（0AH）。

例如：

内存中有　46H，41H，30H，2EH，34H，3DH，31H（第一个 ASCII 字符串）
　　　　　46H，41H，30H，2EH，34H，3DH，30H（第二个 ASCII 字符串）

结果为　23H（'#'），46H，41H，30H，2EH，34H，3DH，31H，2AH（'*'），32H，31H，0DH，0AH，23H，46H，41H，30H，2EH，34H，3DH，30H，2AH，32H，30H，0DH，0AH

部分程序已给出，其中原始数据由过程 LOAD 从文件 INPUT1.DAT 中读入 SOURCE 开始的内存单元中。运算结果要求从 RESULT 开始存放，由过程 SAVE 保存到文件 OUTPUT1.DAT 中。

请在 BEGIN 和 END 之间的源程序中填空，使其完整（空白已用横线标出，每个空白处一般只需一条指令，但采用功能相当的多条指令亦可），或删除 BEGIN 和 END 之间原有的代码，并自行编程，完成所要求的功能。

对程序必须进行汇编，并与 IO.OBJ 链接产生可执行文件，最终运行程序产生结果。调

试过程中，若发现程序存在错误，请加以修改。

试题程序：

```
            EXTRN       LOAD:FAR,SAVE:FAR
    N       EQU         14

    STAC    SEGMENT     STACK
            DB          128   DUP(?)
    STAC    ENDS

    DATA    SEGMENT
    SOURCE  DB          N DUP(?)
    RESULT  DB          N+12 DUP(0)
    NAME0   DB          'INPUT1.DAT',0
    NAME1   DB          'OUTPUT1.DAT',0
    DATA    ENDS

    CODE    SEGMENT
            ASSUME      CS:CODE, DS:DATA, SS:STAC
    START   PROC        FAR
            PUSH        DS
            XOR         AX,AX
            PUSH        AX
            MOV         AX,DATA
            MOV         DS,AX

            LEA         DX,SOURCE       ; 数据区起始地址
            LEA         SI,NAME0        ; 原始数据文件名
            MOV         CX,N            ; 字节数
            CALL        LOAD            ; 从'INPUT1.DAT'中读取数据
    ;   **** BEGIN ****
            MOV         SI,0
            MOV         DI,0
            MOV         BX,2            ; 两个 ASCII 字符串
    REPEAT: MOV         CX,7            ; 每个字符串由 7 个 ASCII 字符组成
            MOV         AL,_____(1)_____
            MOV         RESULT[DI],AL
            INC         DI
            MOV         AH,_____(2)_____
    CHAR:   MOV         AL,SOURCE[SI]
```

```
        MOV     RESULT[DI], AL
        INC     DI
        INC     SI
        XOR     AH, AL
        LOOP    ___(3)___
        MOV     AL, ___(4)___
        MOV     RESULT[DI], AL
        INC     DI
        MOV     DH, 2
        MOV     DL, AH          ; 异或结果暂存在 DL 中
        MOV     CL, 4           ; 先将异或结果高 4 位转换成 ASCII 字符
        SHR     AH, CL
CHANGE: CMP     AH, 10          ; 本行开始的 4 行语句将一个十六进制数转
                                ; 换为 ASCII 值
        JL      ADD_0
        ADD     AH, 'A'-'0'-10
ADD_0:  ADD     AH, '0'
        MOV     RESULT[DI], AH
        INC     DI
        DEC     DH
        JZ      EXT
        MOV     AH, DL          ; 再将异或结果低 4 位转换成 ASCII 字符
        AND     AH, 0FH
        JMP     CHANGE
EXT:    MOV     AL, ___(5)___
        MOV     RESULT[DI], AL
        INC     DI
        MOV     AL, ___(6)___
        MOV     RESULT[DI], AL
        INC     DI
        DEC     BX
        JZ      ___(7)___
        JMP     REPEAT
EXIT:   NOP
;   **** END ****
        LEA     DX, RESULT      ; 结果数据区首址
        LEA     SI, NAME1       ; 结果文件名
        MOV     CX, N+12        ; 结果字节数
        CALL    SAVE            ; 保存结果到文件
```

107

```
              RET
    START     ENDP
    CODE      ENDS
              END       START
```

★★

第 55 题

请编制程序，其功能是：内存中连续存放着两个无符号字节数序列 A_k 和 B_k（k=0,1,…,9），求序列 C_k，$C_k=A_k-B_k$（C_k 以有符号字的形式按 $C_0,C_1…,C_9$ 的顺序连续存放）。

例如：

序列 A_k 为 30H，FFH，80H，FFH…

序列 B_k 为 00H，FFH，FFH，0AH…

结果 C_k 为 0030H，0000H，FF81H，FFF5H…

部分程序已给出，其中原始数据由过程 LOAD 从文件 INPUT1.DAT 中读入 SOURCE 开始的内存单元中，运算结果要求从 RESULT 开始存放，由过程 SAVE 保存到文件 OUTPUT1.DAT 中。

请在 BEGIN 和 END 之间的源程序中填空，使其完整（空白已用横线标出，每个空白一般只需一条指令，但采用功能相当的多条指令亦可），或删除 BEGIN 和 END 之间原有的代码，并自行编程，完成所要求的功能。

对程序必须进行汇编，并与 IO.OBJ 链接产生可执行文件，最终运行程序产生结果。调试过程中，若发现程序存在错误，请加以修改。

试题程序：

```
              EXTRN     LOAD:FAR,SAVE:FAR
    N         EQU       10

    STAC      SEGMENT   STACK
              DB        128  DUP(?)
    STAC      ENDS

    DATA      SEGMENT
    SOURCE    DB        N*2 DUP(?)
    RESULT    DW        N DUP(0)
    NAME0     DB        'INPUT1.DAT',0
    NAME1     DB        'OUTPUT1.DAT',0
    DATA      ENDS

    CODE      SEGMENT
              ASSUME    CS:CODE, DS:DATA, SS:STAC
```

```
START    PROC       FAR
         PUSH       DS
         XOR        AX, AX
         PUSH       AX
         MOV        AX, DATA
         MOV        DS, AX

         LEA        DX, SOURCE       ; 数据区起始地址
         LEA        SI, NAME0        ; 原始数据文件名
         MOV        CX, N*2          ; 字节数
         CALL       LOAD             ; 从'INPUT1. DAT'中读取数据
;    **** BEGIN ****
         MOV        DI, OFFSET RESULT   ; 结果从 RESULT 开始存放
         MOV        BX, 0
                    (1)
PRO:     MOV        AH, 0
         MOV        AL, SOURCE[BX]      ; 序列 Ak 中的一个字节
         SUB        AL,    (2)          ; Ck=Ak-Bk
            (3)     JUMP                ; 无借位转 JUMP
         MOV        AH,    (4)          ; 有借位转换成有符号字（为负）
JUMP:    MOV             (5)   , AX
         ADD        DI, 2
         INC        BX
         DEC        CX
         JNZ        PRO
;    **** END ****
         LEA        DX, RESULT       ; 结果数据区首址
         LEA        SI, NAME1        ; 结果文件名
         MOV        CX, N*2          ; 结果字节数
         CALL       SAVE             ; 保存结果到文件
         RET
START    ENDP
CODE     ENDS
         END        START
```

★★★

第 56 题

请编制程序，其功能是：求 I×J 矩阵的转置矩阵（矩阵中元素为字节型），并计算转置矩阵的每一行元素之和，然后存放在每一行最后一个字单元中。

例如：

内存中有 04H，05H，06H，（第一行）01H，02H，03H（第二行）

结果为 04H，01H，05H，00H，05H，02H，07H，00H，06H，03H，09H，00H

部分程序已给出，其中原始数据由过程 LOAD 从文件 INPUT1.DAT 中读入 SOURCE 开始的内存单元中。运算结果要求从 RESULT 开始存放，由过程 SAVE 保存到文件 OUTPUT1.DAT 中。

请填空 BEGIN 和 END 之间已经给出的一段源程序使其完整，需填空处已经用横线标出，每个空白一般只需要填一条指令或指令的一部分（指令助记符或操作数），也可以填入功能相当的多条指令，或删去 BEGIN 和 END 之间原有的代码并自行编程来完成所要求的功能。

对程序必须进行汇编，并与 IO.OBJ 链接产生可执行文件，最终运行程序产生结果。调试过程中，若发现程序存在错误，请加以修改。

试题程序：

```
          EXTRN        LOAD:FAR,SAVE:FAR
N         EQU          30
I         EQU          3
J         EQU          10


DSEG      SEGMENT
SOURCE    DB           N DUP(?)
SRC       DW           SOURCE
RESULT    DB           (N+2*J)DUP(0)
NAME0     DB           'INPUT1.DAT',0
NAME1     DB           'OUTPUT1.DAT',0
DSEG      ENDS


SSEG      SEGMENT      STACK
          DB           256 DUP(?)
SSEG      ENDS


CSEG      SEGMENT
          ASSUME       CS:CSEG, SS:SSEG, DS:DSEG
START     PROC         FAR
          PUSH         DS
          XOR          AX,AX
          PUSH         AX
          MOV          AX,DSEG
          MOV          DS,AX
          MOV          ES,AX
```

```
            LEA         DX, SOURCE
            LEA         SI, NAME0
            MOV         CX, N
            CALL        LOAD
;    *** BEGIN ***
            LEA         SI, SOURCE
            LEA         DI, RESULT
            MOV         BX, 1           ; 第一列
LPJ:        MOV         CX, 0           ; 累加和
            MOV         DX, 1           ; 第一行
LPI:        MOV         AL, [SI]
            ADD         CL, AL
                (1)
            STOSB
            ADD         SI, 10
            INC         DX
                (2)
            JBE         LPI
            MOV         [DI], CX
                (3)
            INC         SRC             ; 下一列
            MOV         SI, SRC
                (4)
            CMP         BX, J
            JBE             (5)
;    *** END ***
            LEA         DX, RESULT
            LEA         SI, NAME1
            MOV         CX, (N+2*J)
            CALL        SAVE
            RET
START       ENDP
CSEG        ENDS
            END         START
```

★★

第 57 题

请编制程序，其功能是：内存中连续存放的 20 个 8 位无符号数是由一个 8 位 A/D 转换器采集的信号（X[n]，n=0~19），现要对该信号按下列要求作剔点滤波处理（处理后的信

号记为 Y[n]，n=0~19）：

对于第一个信号（n=0）不作滤波，Y[0]=X[0]；

对于其后的信号（n>0），作如下处理：

a) Y[n]=Y[n−1]+delta   if X[n]>Y[n−1]+delta

b) Y[n]=Y[n−1]−delta   if X[n]<Y[n−1]−delta

c) Y[n]=X[n]   if | X[n]−Y[n−1] | <=delta

其中 delta 取 30（1EH）。

例如：

Xn: 78H，4AH，41H，63H，70H…

Yn: 78H，5AH，41H，5FH，70H…

部分程序已给出，请在 BEGIN 和 END 之间的源程序中填空，使其完整（空白已用横线标出，每个空白一般只需一条指令，但采用功能相当的多条指令亦可）或删除 BEGIN 和 END 之间原有的代码，并自行编程，完成所要求的功能。

原始数据由过程 LOAD 从文件 INPUT1.DAT 中读入 SOURCE 开始的内存单元中，运算结果要求从 RESULT 开始存放，由过程 SAVE 保存到文件 OUTPUT1.DAT 中。

对程序必须进行汇编，并与 IO.OBJ 链接产生可执行文件，最终运行程序产生结果。调试过程中，若发现程序存在错误，请加以修改。

试题程序：

```
        EXTRN      LOAD:FAR,SAVE:FAR
N       EQU        20
DELTA   EQU        30

STAC    SEGMENT    STACK
        DB          128  DUP(?)
STAC    ENDS

DATA    SEGMENT
SOURCE  DB         N   DUP(?)
RESULT  DB         N   DUP(0)
NAME0   DB         'INPUT1.DAT',0
NAME1   DB         'OUTPUT1.DAT',0
DATA    ENDS

CODE    SEGMENT
        ASSUME     CS:CODE, DS:DATA, SS:STAC
START   PROC       FAR
        PUSH       DS
        XOR        AX,AX
        PUSH       AX
```

```
        MOV         AX, DATA
        MOV         DS, AX
        MOV         ES, AX                  ; 置附加段寄存器

        LEA         DX, SOURCE              ; 数据区起始地址
        LEA         SI, NAME0               ; 原始数据文件名起始地址
        MOV         CX, N                   ; 字节数
        CALL        LOAD                    ; 从'INPUT1.DAT'中读取数据
;       **** BEGIN ****
        LEA         SI, SOURCE
        LEA         DI, RESULT
        CLD
        MOVSB                               ; Y[0]=X[0]
        MOV         CX, N-1
FILTER:
        XOR         AX, AX
        XOR         BX, BX
        XOR         DX, DX
        LODSB                               ; X[n]
        MOV         BL,   (1)               ; Y[n-1]->BL
        MOV         DL, BL
        ADD         BX, DELTA               ; Y[n-1]+delta,符号位扩展
        SUB         DX, DELTA               ; Y[n-1]-delta,符号位扩展
        CMP         AX, BX
        J   (2)     NEXT
              (3)
        JMP         CONT
NEXT:   CMP         AX, DX
        J   (4)     STORE
              (5)
        JMP         CONT
STORE:        (6)
CONT:   INC         DI
        LOOP        FILTER
;       **** END ****
        LEA         DX, RESULT              ; 结果数据区首址
        LEA         SI, NAME1               ; 结果文件名起始地址
        MOV         CX, N                   ; 字节数
        CALL        SAVE                    ; 保存结果到'OUTPUT1.DAT'文件中
        RET
```

113

```
        START     ENDP
        CODE      ENDS
                  END       START
```

★★

第 58 题

请编制程序，其功能是：对经常上下波动的数据采用只记录峰值的数据压缩方法，即每次将采样到的当前值和前一次值比较，如数据变向改变（原变大现变小或原变小现变大），说明已过峰值，这时就将当前值记录下来。

例如（下列数据均为无符号数）：

原数据：23H，45H，89H，67H，5CH，36H，3CH，78H…

压缩后：23H，89H，36H…

内存中从 SOURCE 开始连续存放着 40 个八位无符号数，假定相邻两数无相等的情况，编程按上述方法进行压缩，结果保存在 RESULT 开始的内存单元中。

部分程序已给出，请在 BEGIN 和 END 之间的源程序中填空，使其完整（空白已用横线标出，每个空白一般只需一条指令，但采用功能相当的多条指令亦可），或删除 BEGIN 和 END 之间原有的代码，并自行编程，完成所要求的功能。

原始数据由过程 LOAD 从文件 INPUT1.DAT 中读入 SOURCE 开始的内存单元中，运算结果要求从 RESULT 开始存放，由过程 SAVE 保存到文件 OUTPUT1.DAT 中。

对程序必须进行汇编，并与 IO.OBJ 链接产生可执行文件，最终运行程序产生结果。调试过程中，若发现程序存在错误，请加以修改。

试题程序：

```
        EXTRN     LOAD:FAR,SAVE:FAR
N       EQU       40

STAC    SEGMENT   STACK
        DB        128  DUP(?)
STAC    ENDS

DATA    SEGMENT
SOURCE  DB        N  DUP(?)
RESULT  DB        N  DUP(0)
NAME0   DB        'INPUT1.DAT',0
NAME1   DB        'OUTPUT1.DAT',0
DATA    ENDS

CODE    SEGMENT
        ASSUME    CS:CODE, DS:DATA, SS:STAC
```

```
START       PROC        FAR
            PUSH        DS
            XOR         AX, AX
            PUSH        AX
            MOV         AX, DATA
            MOV         DS, AX
            MOV         ES, AX              ; 置附加段寄存器

            LEA         DX, SOURCE      ; 数据区起始地址
            LEA         SI, NAME0       ; 原始数据文件名起始地址
            MOV         CX, N           ; 字节数
            CALL        LOAD        ; 从' INPUT1. DAT' 中读取数据
;    **** BEGIN ****
            LEA         SI, SOURCE
            LEA         DI, RESULT
            CLD
            MOVSB                           ; Y[0]=X[0]
            XOR         AX, AX
            XOR         BX, BX
            LODSB                           ; AL<-X[1]
            SUB         AX, AX
            MOV         DX, AX              ; 保存差值在 DX 中
            MOV         CX, N-2
FILTER:
            XOR         AX, AX
            XOR         BX, BX
            LODSB                           ; X[n]
            MOV         BL, [SI-2]      ; X[n-1]
            SUB         AX, BX          ; X[n-1]-X[n]
            _____(1)_____             ; 比较相邻两差值(BX, DX)
                                        ; 符号位是否相同
            _____(2)_____
            J___(3)___   SKIP           ; 相同，则数据改变方向未变
            MOV         AL, [SI-2]
            _____(4)_____             ; 不同，方向变化，保存当前值
SKIP:       _____(5)_____
            LOOP        FILTER
;    **** END ****
            LEA         DX, RESULT      ; 结果数据区首址
```

```
             LEA       SI,NAME1           ; 结果文件名起始地址
             MOV       CX,N               ; 字节数
             CALL      SAVE               ; 保存结果到'OUTPUT1.DAT'文件中
             RET
START        ENDP
CODE         ENDS
             END       START
```

★★

第 59 题

请编制程序，其功能是：内存中连续存放着 20 个 ASCII 字符，如果是 0~9 或 A~F 之间的字符，请把它们转换成二进制数；若为其他字符，不作转换。

例如：

内存中有　　　30H('0')，31H('1')，61H('a')，41H('A')，42H('B')...

结果为　　　　00H，01H，61H，0AH，0BH...

部分程序已给出，其中原始数据由过程 LOAD 从文件 INPUT1.DAT 中读入 SOURCE 开始的内存单元中，运算结果要求从 RESULT 开始存放，由过程 SAVE 保存到文件 OUTPUT1.DAT 中。

请在 BEGIN 和 END 之间的源程序中填空，使其完整（空白已用横线标出，每个空白一般只需一条指令，但采用功能相当的多条指令亦可），或删除 BEGIN 和 END 之间原有的代码，并自行编程，完成所要求的功能。

对程序必须进行汇编，并与 IO.OBJ 链接产生可执行文件，最终运行程序产生结果。调试过程中，若发现程序存在错误，请加以修改。

试题程序：

```
             EXTRN     LOAD:FAR,SAVE:FAR
N            EQU       20

STAC         SEGMENT   STACK
             DB        128  DUP(?)
STAC         ENDS

DATA         SEGMENT
SOURCE       DB        N DUP(?)
RESULT       DB        N DUP(0)
NAME0        DB        'INPUT1.DAT',0
NAME1        DB        'OUTPUT1.DAT',0
DATA         ENDS
```

```
CODE      SEGMENT
          ASSUME       CS:CODE, DS:DATA, SS:STAC
START     PROC         FAR
          PUSH         DS
          XOR          AX, AX
          PUSH         AX
          MOV          AX, DATA
          MOV          DS, AX

          LEA          DX, SOURCE      ; 数据区起始地址
          LEA          SI, NAME0       ; 原始数据文件名
          MOV          CX, N           ; 字节数
          CALL         LOAD            ; 从'INPUT1.DAT'中读取数据
;    **** BEGIN ****
          LEA          SI, SOURCE
          (1)          DI, OFFSET RESULT
              (2)
NEXT:     MOV          AL, [SI]
          CMP          AL, '0'
          JB           INVALID
          CMP          AL,   (3)
          JBE            (4)
          CMP          AL, 'A'
          JB           INVALID
          CMP          AL,   (5)
          JA             (6)
          ADD          AL, 9
STRIP:    AND          AL, 0FH
INVALID:  MOV          [DI], AL
          ADD          SI, 1
          ADD          DI, 1
          LOOP           (7)
;    **** END ****
          LEA          DX, RESULT      ; 结果数据区首址
          LEA          SI, NAME1       ; 结果文件名
          MOV          CX, N           ; 结果字节数
          CALL         SAVE            ; 保存结果到文件
          RET
START     ENDP
CODE      ENDS
```

```
            END       START
```

****

第 60 题

请编制程序，其功能是：内存中连续存放着 20 个无符号字节数，求它们的和。和值按字的形式存放，此前先按序存参加运算的 20 个字节。

例如：

内存中有 01H，02H，03H…

结果为 01H，02H，03H…（共 20 个参加运算的字符），后跟一个字（为前面各 20 个字节的和）

部分程序已给出，其中原始数据由过程 LOAD 从文件 INPUT1.DAT 中读入 SOURCE 开始的内存单元中，运算结果要求从 RESULT 开始存放，由过程 SAVE 保存到文件 OUTPUT1.DAT 中。

请在 BEGIN 和 END 之间的源程序中填空，使其完整（空白已用横线标出，每个空白一般只需一条指令，但采用功能相当的多条指令亦可），或删除 BEGIN 和 END 之间原有的代码，并自行编程，完成所要求的功能。

对程序必须进行汇编，并与 IO.OBJ 链接产生可执行文件，最终运行程序产生结果。调试过程中，若发现程序存在错误，请加以修改。

试题程序：

```
            EXTRN     LOAD:FAR,SAVE:FAR
N           EQU       20

STAC        SEGMENT   STACK
            DB        128  DUP(?)
STAC        ENDS

DATA        SEGMENT
SOURCE      DB        N DUP(?)
RESULT      DB        N DUP(0)
NAME0       DB        'INPUT1.DAT',0
NAME1       DB        'OUTPUT1.DAT',0
DATA        ENDS

CODE        SEGMENT
            ASSUME    CS:CODE, DS:DATA, SS:STAC
START       PROC      FAR
            PUSH      DS
            XOR       AX,AX
```

```
            PUSH        AX
            MOV         AX, DATA
            MOV         DS, AX
            LEA         DX, SOURCE      ; 数据区起始地址
            LEA         SI, NAME0       ; 原始数据文件名
            MOV         CX, N           ; 字节数
            CALL        LOAD            ; 从' INPUT1. DAT' 中读取数据
;     **** BEGIN ****
            LEA         SI, SOURCE
            LEA         DI, RESULT
            MOV         CX, N
            MOV         BX, 0
NEXT:       MOV         AL, [SI]
            _____(1)_____
            _____(2)_____
            MOV         [DI],____(3)____
            _____(4)_____
            _____(5)_____
            LOOP        NEXT
            MOV         [DI],____(6)____
;     **** END ****
            LEA         DX, RESULT       ; 结果数据区首址
            LEA         SI, NAME1        ; 结果文件名
            MOV         CX, N+2          ; 结果字节数
            CALL        SAVE             ; 保存结果到文件
            RET
START       ENDP
CODE        ENDS
            END         START
```

★★

第 61 题

请编制程序，其功能是：内存中连续存放着两个有符号字节数序列 A_k 和 B_k（$k=0,1,…,9$），求序列 C_k，$C_k=A_k×B_k$（C_k 以有符号字的形式按 $C_0,C_1…,C_9$ 的顺序连续存放）。

例如：

序列 A_k 为 80H，C0H，81H，00H…

序列 B_k 为 80H，C0H，81H，7FH…

结果 C_k 为 4000H，1000H，3F01H，0000H…

部分程序已给出，其中原始数据由过程 LOAD 从文件 INPUT1.DAT 中读入 SOURCE

开始的内存单元中，运算结果要求从 RESULT 开始存放，由过程 SAVE 保存到文件 OUTPUT1.DAT 中。

请在 BEGIN 和 END 之间的源程序中填空，使其完整（空白已用横线标出，每个空白一般只需一条指令，但采用功能相当的多条指令亦可），或删除 BEGIN 和 END 之间原有的代码，并自行编程，完成所要求的功能。

对程序必须进行汇编，并与 IO.OBJ 链接产生可执行文件，最终运行程序产生结果。调试过程中，若发现程序存在错误，请加以修改。

试题程序：

```
        EXTRN       LOAD:FAR,SAVE:FAR
N       EQU         10

STAC    SEGMENT     STACK
        DB          128  DUP(?)
STAC    ENDS


DATA    SEGMENT
SOURCE  DB          N*2 DUP(?)
RESULT  DW          N DUP(0)
NAME0   DB          'INPUT1.DAT',0
NAME1   DB          'OUTPUT1.DAT',0
DATA    ENDS


CODE    SEGMENT
        ASSUME      CS:CODE, DS:DATA, SS:STAC
START   PROC        FAR
        PUSH        DS
        XOR         AX,AX
        PUSH        AX
        MOV         AX,DATA
        MOV         DS,AX

        LEA         DX,SOURCE   ; 数据区起始地址
        LEA         SI,NAME0    ; 原始数据文件名
        MOV         CX,N*2      ; 字节数
        CALL        LOAD        ; 从'INPUT1.DAT'中读取数据
;       **** BEGIN ****
        MOV         DI,____(1)____
            ____(2)____
        MOV         CX,N
```

```
PRO:      MOV        AL, ____(3)____
          ____(4)____, SOURCE[BX]
          MOV        [DI],AX
          ADD        ____(5)____
          INC        BX
          ____(6)____
          JNZ        PRO
;    **** END ****
          LEA        DX,RESULT        ; 结果数据区首址
          LEA        SI,NAME1         ; 结果文件名
          MOV        CX,N*2           ; 结果字节数
          CALL       SAVE             ; 保存结果到文件
          RET
START     ENDP
CODE      ENDS
          END        START
```

****

第62题

请编制程序,其功能是:内存中连续存放着16个12位无符号二进制数 $DB_{11}DB_{10}...DB_0$,其存放格式均为

$$DB_{11}\ DB_{10}\ DB_9\ DB_8\ DB_7\ DB_6\ DB_5\ DB_4 \quad DB_3\ DB_2\ DB_1\ DB_0\quad 0\quad 0\quad 0\quad 0$$

|←————低地址字节————→||←————高地址字节————→|

请判别这16个12位二进制数是否大于800H;若大于800H,则相应地在内存中存入01H;否则,存入00H。最后存放这16个12位二进制数中大于800H的数的个数n(n用一个字节表示)。

例如:

内存中有   12H,30H,84H,50H,80H,00H…

结果为   00H,01H,00H…(共16个字节),后跟 n

部分程序已给出,其中原始数据由过程 LOAD 从文件 INPUT1.DAT 中读入 SOURCE 开始的内存单元中。运算结果要求从 RESULT 开始存放,由过程 SAVE 保存到文件 OUTPUT1.DAT 中。

请在 BEGIN 和 END 之间的源程序中填空,使其完整(空白已用横线标出,每个空白一般只需一条指令,但采用功能相当的多条指令亦可),或删除 BEGIN 和 END 之间原有的代码,并自行编程,完成所要求的功能。

对程序必须进行汇编,并与 IO.OBJ 链接产生可执行文件,最终运行程序产生结果。调试过程中,若发现程序存在错误,请加以修改。

试题程序:

```
          EXTRN       LOAD:FAR,SAVE:FAR
N         EQU         16

STAC      SEGMENT     STACK
          DB          128  DUP(?)
STAC      ENDS

DATA      SEGMENT
SOURCE    DB          N*2 DUP(?)
RESULT    DB          N+1 DUP(0)
NAME0     DB          'INPUT1.DAT',0
NAME1     DB          'OUTPUT1.DAT',0
DATA      ENDS

CODE      SEGMENT
          ASSUME      CS:CODE, DS:DATA, SS:STAC
START     PROC        FAR
          PUSH        DS
          XOR         AX,AX
          PUSH        AX
          MOV         AX,DATA
          MOV         DS,AX
          LEA         DX,SOURCE     ; 数据区起始地址
          LEA         SI,NAME0      ; 原始数据文件名
          MOV         CX,N*2        ; 字节数
          CALL        LOAD          ; 从'INPUT1.DAT'中读取数据
;     **** BEGIN ****
          MOV         CH,N
          MOV         CL,00H        ; 大于 800H 的数的个数 n
          MOV         BX,0
          MOV         DX,0100H
          MOV         DI,_____(1)
PRO:      MOV         AH,SOURCE[BX]
          MOV         AL,SOURCE[BX+1]
          CMP         AX,_____(2)
          JBE         _____(3)     ;<=800H
          MOV         [DI],DH       ;>800H
          INC         CL
          INC         DI
          JMP         JUMP
```

```
C_0:       MOV          [DI],DL
           INC          DI
JUMP:      ADD          BX,2
           DEC          CH
           JNZ          PRO
           MOV          [DI],___(4)___
;     **** END ****
           LEA          DX,RESULT        ; 结果数据区首址
           LEA          SI,NAME1         ; 结果文件名
           MOV          CX,N+1           ; 结果字节数
           CALL         SAVE             ; 保存结果到文件
           RET
START      ENDP
CODE       ENDS
           END          START
```

★★

第 63 题

请编制程序，其功能是：内存中连续存放着 20 个 ASCII 字符，如果是大写字母 A 至 Z 之间的字符，请把它们转换成相应的小写字母的 ASCII 字符（否则不作转换）并统计原 20 个 ASCII 字符中字符"A"的个数。转换结果（包括不作转换的非 A~Z 之间的原 ASCII 字符）按序存入内存中，之后存放原 20 个 ASCII 字符中为字符"A"的个数（用一个字节表示）。

例如：

内存中有 30H('0')，31H('1')，61H('a')，41H('A')，42H('B')…

结果为　30H，31H，61H，61H，62H…后跟用一个字节表示的原 20 个 ASCII 字符中字符"A"的个数

部分程序已给出，其中原始数据由过程 LOAD 从文件 INPUT1.DAT 中读入 SOURCE 开始的内存单元中，运算结果要求从 RESULT 开始存放，由过程 SAVE 保存到文件 OUTPUT1.DAT 中。

请在 BEGIN 和 END 之间的源程序中填空，使其完整（空白已用横线标出，每个空白一般只需一条指令，但采用功能相当的多条指令亦可），或删除 BEGIN 和 END 之间原有的代码，并自行编程，完成所要求的功能。

对程序必须进行汇编，并与 IO.OBJ 链接产生可执行文件，最终运行程序产生结果。调试过程中，若发现程序存在错误，请加以修改。

试题程序：

```
           EXTRN        LOAD:FAR,SAVE:FAR
N          EQU          20
```

```
STAC        SEGMENT        STACK
            DB             128  DUP(?)
STAC        ENDS


DATA        SEGMENT
SOURCE      DB             N DUP(?)
RESULT      DB             N+1 DUP(0)
NAME0       DB             'INPUT1.DAT',0
NAME1       DB             'OUTPUT1.DAT',0
DATA        ENDS


CODE        SEGMENT
            ASSUME         CS:CODE, DS:DATA, SS:STAC
START       PROC           FAR
            PUSH           DS
            XOR            AX, AX
            PUSH           AX
            MOV            AX, DATA
            MOV            DS, AX


            LEA            DX, SOURCE       ; 数据区起始地址
            LEA            SI, NAME0        ; 原始数据文件名
            MOV            CX, N            ; 字节数
            CALL           LOAD             ; 从'INPUT1.DAT'中读取数据
;     **** BEGIN ****
            MOV            DI, OFFSET RESULT
            MOV            BX, 0
            MOV            DL, 0
            MOV            CX, N
PRO:        MOV            AL, SOURCE[BX]
            CMP            AL, 41H
   (1)      KEEP
            CMP            AL,    (2)
            JNBE           KEEP
            CMP            AL, 42H
            JNB               (3)           ; >=42H
            INC            DL
NINC:       ADD            AL,    (4)
            MOV            [DI], AL
```

```
            INC         DI
            JMP         JUMP
KEEP:       MOV         [DI],AL
                   (5)
JUMP:       INC         BX
            DEC         CX
            JNZ         PRO
                   (6)
;    **** END ****
            LEA         DX,RESULT      ; 结果数据区首址
            LEA         SI,NAME1       ; 结果文件名
            MOV         CX,N+1         ; 结果字节数
            CALL        SAVE           ; 保存结果到文件
            RET
START       ENDP
CODE        ENDS
            END         START
```

☆☆☆

第 64 题

请编制程序，其功能是：内存中连续存放着 10 个用 ASCII 字符表示的一位十进制数，将它们转换成相应的二进制无符号字节 N_0, N_1, …, N_9，并统计 N_0, N_1, …, N_9 中大于等于 5 的十进制数的个数 n。转换结果按原序存放，之后存放 n(n 用字节表示)。

例如：

内存中有　　30H('0')，39H('9')，31H('1') …

结果为　　　00H，09H，01H，…，（后跟 n，n 为 N_0, N_1, …, N_9 中大于第于 5 的十进制的个数）

部分程序已给出，其中原始数据由过程 LOAD 从文件 INPUT1.DAT 中读入 SOURCE 开始的内存单元中，运算结果要求从 RESULT 开始存放，由过程 SAVE 保存到文件 OUTPUT1.DAT 中。

请在 BEGIN 和 END 之间的源程序中填空，使其完整（空白已用横线标出，每个空白一般只需一条指令，但采用功能相当的多条指令亦可），或删除 BEGIN 和 END 之间原有的代码，并自行编程，完成所要求的功能。

对程序必须进行汇编，并与 IO.OBJ 链接产生可执行文件，最终运行程序产生结果。调试过程中，若发现程序存在错误，请加以修改。

试题程序：

```
            EXTRN       LOAD:FAR,SAVE:FAR
N           EQU         10
```

```
STAC      SEGMENT      STACK
          DB           128  DUP(?)
STAC      ENDS


DATA      SEGMENT
SOURCE    DB           N DUP(?)
RESULT    DB           (N+1)DUP(0)
NAME0     DB           'INPUT1.DAT',0
NAME1     DB           'OUTPUT1.DAT',0
DATA      ENDS


CODE      SEGMENT
          ASSUME       CS:CODE, DS:DATA, SS:STAC
START     PROC         FAR
          PUSH         DS
          XOR          AX,AX
          PUSH         AX
          MOV          AX,DATA
          MOV          DS,AX


          LEA          DX,SOURCE      ; 数据区起始地址
          LEA          SI,NAME0       ; 原始数据文件名
          MOV          CX,N           ; 字节数
          CALL         LOAD           ; 从'INPUT1.DAT'中读取数据
;    **** BEGIN ****
          MOV          DI,OFFSET RESULT
          MOV          BX,0
          MOV          CX,N
          MOV          DL,   (1)
PRO:      MOV          AL,SOURCE[BX]
          SUB          AL,   (2)
          CMP          AL,05
          (3)          JUMP           ; 小于5
          INC             (4)         ; 大于等于5
JUMP:     MOV          [DI],AL
          INC          BX
          INC          DI
          DEC          CX
          JNZ          PRO
```

126

(5)

```
;    **** END ****
             LEA        DX,RESULT        ; 结果数据区首址
             LEA        SI,NAME1         ; 结果文件名
             MOV        CX,N+1           ; 结果字节数
             CALL       SAVE             ; 保存结果到文件
             RET
START        ENDP
CODE         ENDS
             END        START
```

****

第 65 题

请编制程序，其功能是：统计 30 个学生成绩中得分在 100~90、89~80，79~70、69~60 区间以及低于 60 分的人数，并计算 30 个学生的平均成绩（取整数），结果依次存入指定的内存区域。

例如：

内存中有 10 个分数　　5EH，50H，64H，52H，55H，48H，3AH，4AH，40H，42H

结果为　　　　　　　　02H，03H，02H，02H，01H，4DH（平均成绩）

部分程序已给出，其中原始数据由过程 LOAD 从文件 INPUT1.DAT 中读入 SOURCE 开始的内存单元中，运算结果要求从 RESULT 开始存放，由过程 SAVE 保存到文件 OUTPUT1.DAT 中。

请在 BEGIN 和 END 之间的源程序中填空，使其完整（空白已用横线标出，每个空白一般只需一条指令，但采用功能相当的多条指令亦可），或删除 BEGIN 和 END 之间原有的代码，并自行编程，完成所要求的功能。

对程序必须进行汇编，并与 IO.OBJ 链接产生可执行文件，最终运行程序产生结果。调试过程中，若发现程序存在错误，请加以修改。

试题程序：

```
             EXTRN       LOAD:FAR,SAVE:FAR
N            EQU         30
L            EQU         5

SSEG         SEGMENT     STACK
             DB          256 DUP(?)
SSEG         ENDS

DSEG         SEGMENT
SOURCE       DB          N DUP(?)
```

127

```
        RESULT    DB          (N+1)DUP(0)
        NAME0     DB          'INPUT1.DAT',0
        NAME1     DB          'OUTPUT1.DAT',0
        DSEG      ENDS


        CSEG      SEGMENT
                  ASSUME      CS:CSEG, SS:SSEG, DS:DSEG
        START     PROC        FAR
                  PUSH        DS
                  XOR         AX, AX
                  PUSH        AX
                  MOV         AX, DSEG
                  MOV         DS, AX


                  LEA         DX, SOURCE
                  LEA         SI, NAME0
                  MOV         CX, N
                  CALL        LOAD
        ;    *** BEGIN ***
                  LEA         SI, SOURCE
                  LEA         DI, RESULT
                  XOR         BX, BX
                  _____(1)_____
                  MOV         CX, N
        GOON:     LODSB
                  _____(2)_____
                  ADD         BX, AX
                  _____(3)_____
                  JAE         A1
                  CMP         AL, 80
                  JAE         A2
                  CMP         AL, 70
                  JAE         A3
                  CMP         AL, 60
                  JAE         A4
                  INC         ____(4)____
                  _____(5)_____
        A4:       INC         BYTE PTR[DI+3]
                  JMP         NEXT
```

128

```
A3:        INC         BYTE PTR[DI+2]
           JMP         NEXT
A2:        INC         BYTE PTR[DI+1]
           JMP         NEXT
A1:        INC         BYTE PTR[DI]
NEXT:      LOOP        GOON
           MOV         AX, ____(6)____
           MOV         DL, ____(7)____
           DIV         DL
           MOV         [DI+5],AL
;     *** END ***
           LEA         DX,RESULT
           LEA         SI,NAME1
           MOV         CX,L+1
           CALL        SAVE
           RET
START      ENDP
CSEG       ENDS
           END         START
```

★★★

第 66 题

请编制程序，其功能是：剔除 10 个 8 位无符号二进制数据中的最大值和最小值，然后按四舍五入原则计算其余 8 个数据的算术平均值。将剔除最大值和最小值之后的 8 个数据依次存入指定的内存区域中，并在其后存放平均值。

例如：

内存中有　　01H，05H，04H，00H，07H，09H，02H，06H，08H，03H

结果为　　　01H，05H，04H，07H，02H，06H，08H，03H，05H

部分程序已给出，其中原始数据由过程 LOAD 从文件 INPUT1.DAT 中读入 SOURCE 开始的内存单元中，运算结果要求从 RESULT 开始存放，由过程 SAVE 保存到文件 OUTPUT1.DAT 中。

请在 BEGIN 和 END 之间的源程序中填空，使其完整（空白已用横线标出，每个空白一般只需一条指令，但采用功能相当的多条指令亦可），或删除 BEGIN 和 END 之间原有的代码，并自行编程，完成所要求的功能。

对程序必须进行汇编，并与 IO.OBJ 链接产生可执行文件，最终运行程序产生结果。调试过程中，若发现程序存在错误，请加以修改。

试题程序：

```
           EXTRN       LOAD:FAR,SAVE:FAR
```

```
N           EQU         10


DSEG        SEGMENT
SOURCE      DB          N   DUP(?)
RESULT      DB          N-1 DUP(0)
NAME0       DB          'INPUT1.DAT',0
NAME1       DB          'OUTPUT1.DAT',0
TEMP        DW          0
DSEG        ENDS


SSEG        SEGMENT     STACK
            DB          200 DUP(?)
SSEG        ENDS


CSEG        SEGMENT
            ASSUME      CS:CSEG, SS:SSEG, DS:DSEG, ES:DSEG
START       PROC        FAR
            PUSH        DS
            XOR         AX, AX
            PUSH        AX
            MOV         AX, DSEG
            MOV         DS, AX
            MOV         ES, AX


            LEA         DX, SOURCE
            LEA         SI, NAME0
            MOV         CX, N
            CALL        LOAD
;   *** BEGIN ***
            XOR         AX, AX
            XOR         BX, BX
            XOR         DX, DX
            MOV         SI, OFFSET SOURCE
            MOV         BL, ___(1)___       ; 取第一个数作为最大值暂存 BL
            MOV         DL, ___(2)___       ; 取第一个数作为最小值暂存 DL
            MOV         CX, N
GOON:       ADD         AL, [SI]
            ADC         AH, 0
            CMP         BL, [SI]
            JA          ___(3)___
```

```
               MOV        BL, [SI]
CONT:          CMP        DL, [SI]
                          (4)
               MOV        DL, [SI]
NEXT:          INC        SI
               LOOP       GOON
               CLD
               LEA        SI, SOURCE
               LEA        DI, RESULT
               MOV        CX, N
LP2:           LODSB
               CMP        AL, BL
               JE         LP1
               CMP        AL, DL
               JE         LP1
               CBW
               ADD        TEMP, AX
               STOSB
LP1:           LOOP       LP2
               MOV        AX, TEMP
               MOV        DL,    (5)
               DIV        DL
               ADD        AH, AH
               CMP        AH, DL
               JB         OFF
                          (6)
OFF:           MOV        [DI], AL
;     *** END ***
               LEA        DX, RESULT
               LEA        SI, NAME1
               MOV        CX, N-1
               CALL       SAVE          ; SAVE RESULT TO FILE
               RET
START          ENDP
CSEG           ENDS
               END        START
```

✷✷

第 67 题

请编制程序，其功能是：内存中存放着由 20 个 16 位有符号整数组成的序列，求出该序列中的最小值和最大值。结果存放形式为，先按原顺序存放 20 个需处理的有符号整数，后跟该序列中的最小值和最大值（最小值在前，最大值在后）。

例如：

内存中有　　　8100H，0002H，0300H…

结果为　　　　8100H，0002H，0300H…（由 20 个 16 位有符号整数组成的原序列），

　　　　　　　后跟该序列中的最小值和最大值（最小值在前，最大值在后）

部分程序已给出，其中原始数据由过程 LOAD 从文件 INPUT1.DAT 中读入 SOURCE 开始的内存单元中，运算结果要求从 RESULT 开始存放，由过程 SAVE 保存到文件 OUTPUT1.DAT 中。

请在 BEGIN 和 END 之间的源程序中填空，使其完整（空白已用横线标出，每个空白一般只需一条指令，但采用功能相当的多条指令亦可），或删除 BEGIN 和 END 之间原有的代码，并自行编程，完成所要求的功能。

对程序必须进行汇编，并与 IO.OBJ 链接产生可执行文件，最终运行程序产生结果。调试过程中，若发现程序存在错误，请加以修改。

试题程序：

```
            EXTRN       LOAD:FAR,SAVE:FAR
N           EQU         20

STAC        SEGMENT     STACK
            DB          128  DUP(?)
STAC        ENDS

DATA        SEGMENT
SOURCE      DW          N DUP(?)
RESULT      DW          (N+2)DUP(0)
NAME0       DB          'INPUT1.DAT',0
NAME1       DB          'OUTPUT1.DAT',0
DATA        ENDS

CODE        SEGMENT
            ASSUME      CS:CODE, DS:DATA, SS:STAC
START       PROC        FAR
            PUSH        DS
            XOR         AX,AX
            PUSH        AX
            MOV         AX,DATA
```

```
            MOV         DS, AX

            LEA         DX, SOURCE      ; 数据区起始地址
            LEA         SI, NAME0       ; 原始数据文件名
            MOV         CX, N*2         ; 字节数
            CALL        LOAD            ; 从'INPUT1.DAT'中读取数据
;     **** BEGIN ****
            LEA         SI, SOURCE
            LEA         DI, RESULT
            MOV         BX, [SI]        ; 第一个整数既为最大值
               (1)                      ; 又为最小值
            MOV         [DI], BX
            ADD         SI, 2
            ADD         DI, 2
               (2)
NEXT:       MOV         AX, [SI]
            CMP         AX, BX
            JLE            (3)
            MOV         BX, AX
            JMP         ENDL
CHKMIN:     CMP         AX, DX
               (4)      ENDL
            MOV         DX, AX
ENDL:       MOV         [DI], AX
            ADD         SI, 2
            ADD         DI, 2
            LOOP    NEXT
               (5)
            ADD         DI, 2
               (6)
;     **** END ****
            LEA         DX, RESULT      ; 结果数据区首址
            LEA         SI, NAME1       ; 结果文件名
            MOV         CX, (2+N)*2     ; 结果字节数
            CALL        SAVE            ; 保存结果到文件
            RET
START       ENDP
CODE        ENDS
            END         START
```

133

★★

第 68 题

请编制程序，其功能是：内存中连续存放着 20 个 ASCII 字符，如果是大写字母 A~Z 之间的字符，请把它们转换成相应的小写字符；若为其他字符，均转换为 ASCII 字符 'SP'（20H）。

例如：

内存中有　　　31H('1')，32H('2')，64H('a')，41H（'B'）…

结果为　　　　20H('SP')，20H('SP')，20H('SP'),61H('a')，62H('b')…

部分程序已给出，其中原始数据由过程 LOAD 从文件 INPUT1.DAT 中读入 SOURCE 开始的内存单元中，运算结果要求从 RESULT 开始存放，由过程 SAVE 保存到文件 OUTPUT1.DAT 中。

请在 BEGIN 和 END 之间的源程序中填空，使其完整（空白已用横线标出，每个空白一般只需一条指令，但采用功能相当的多条指令亦可），或删除 BEGIN 和 END 之间原有的代码，并自行编程，完成所要求的功能。

对程序必须进行汇编，并与 IO.OBJ 链接产生可执行文件，最终运行程序产生结果。调试过程中，若发现程序存在错误，请加以修改。

试题程序：

```
        EXTRN       LOAD:FAR,SAVE:FAR
N       EQU         20

STAC    SEGMENT     STACK
        DB              128  DUP(?)
STAC    ENDS


DATA    SEGMENT
SOURCE  DB          N DUP(?)
RESULT  DB          N DUP(0)
NAME0   DB          'INPUT1.DAT',0
NAME1   DB          'OUTPUT1.DAT',0
DATA    ENDS


CODE    SEGMENT
        ASSUME      CS:CODE, DS:DATA, SS:STAC
START   PROC        FAR
        PUSH        DS
        XOR         AX,AX
        PUSH        AX
        MOV         AX,DATA
```

```
        MOV         DS, AX
        LEA         DX, SOURCE      ; 数据区起始地址
        LEA         SI, NAME0       ; 原始数据文件名
        MOV         CX, N           ; 字节数
        CALL        LOAD            ; 从'INPUT1.DAT'中读取数据
;    **** BEGIN ****
        LEA         SI, SOURCE
        _____(1)_____
        MOV         CX, N
NEXT:   MOV         AL, __(2)__
        CMP         AL, 'A'
        JB          LOWER2
        CMP         AL, __(3)__
        __(4)__     LOWER2
        OR          AL, 20H
        JMP         SAV
LOWER2: MOV         AL, __(5)__
SAV:    MOV         [DI], AL
        _____(6)_____
        INC         ____(7)____
        __(8)__     NEXT
;    **** END ****
        LEA         DX, RESULT      ; 结果数据区首址
        LEA         SI, NAME1       ; 结果文件名
        MOV         CX, N           ; 结果字节数
        CALL        SAVE            ; 保存结果到文件
        RET
START   ENDP
CODE    ENDS
        END         START
```

★★

第69题

请编制程序,其功能是:内存中存放着两个由8位有符号整数组成的序列 Ai 和 Bi(i=0, 1, ..., 9;下同), Ai 在前, Bi 在后。求序列 $C_i, C_i = |A_i + B_i|$。结果 Ci 用字单元按 C0, C1, ..., C9 的顺序存放。

例如:

序列 Ai 为 98H, 53H, 39H…

序列 Bi 为 80H, 67H, 94H…

结果 C_i 为 00E8H, 00BAH, 0033H…

　　部分程序已给出, 其中原始数据由过程 LOAD 从文件 INPUT1.DAT 中读入 SOURCE 开始的内存单元中, 运算结果要求从 RESULT 开始存放, 由过程 SAVE 保存到文件 OUTPUT1.DAT 中。

　　请在 BEGIN 和 END 之间的源程序中填空, 使其完整 (空白已用横线标出, 每个空白一般只需一条指令, 但采用功能相当的多条指令亦可), 或删除 BEGIN 和 END 之间原有的代码, 并自行编程, 完成所要求的功能。

　　对程序必须进行汇编, 并与 IO.OBJ 链接: 产生可执行文件, 最终运行程序产生结果。调试过程中, 若发现程序存在错误, 请加以修改。

　　试题程序:

```
        EXTRN    LOAD:FAR,SAVE:FAR
N       EQU      10                      ; 每个序列的长度


STAC    SEGMENT  STACK
        DB       128  DUP(?)
STAC    ENDS


DATA    SEGMENT
SOURCE  DB       N*2 DUP(?)              ; 顺序存放 A0,L,A9,B0,L,B9
RESULT  DW       N DUP(0)                ; 顺序存放 C0,L,C9
NAME0   DB       'INPUT1.DAT',0
NAME1   DB       'OUTPUT1.DAT',0
DATA    ENDS


CODE    SEGMENT
        ASSUME   CS:CODE, DS:DATA, SS:STAC
START   PROC     FAR
        PUSH     DS
        XOR      AX, AX
        PUSH     AX
        MOV      AX, DATA
        MOV      DS, AX


        LEA      DX, SOURCE     ; 数据区起始地址
        LEA      SI, NAME0      ; 原始数据文件名
        MOV      CX, N*2        ; 字节数
        CALL     LOAD           ; 从'INPUT1.DAT'中读取数据
;     **** BEGIN ****
        MOV      DI,OFFSET RESULT   ; 结果从 RESULT 开始存放
```

```
            MOV      BX, 0
            MOV      CX,      (1)
PRO:        MOV      AH, 0
            MOV      AL,      (2)          ; 序列 Bi 中的一个整数
            MOV      DL, AL                ; 暂存 Bi
            ADD      AL,      (3)          ; Ci=Bi+Ai
            JNO      STAY                  ; 无溢出转 STAY
JUMP1:      MOV      AH, 00                ; 有溢出
            ADD      DL, 0
            JNS      JUMP                  ; Bi 是正数（为一个正数加上一个正数，
                                           ; 结果为负数的溢出情况）转 JUMP（AH
                                           ; 已为 00H）
            MOV      AH,      (4)          ; Bi 是负数（为一个负数加上一个负数，
                                           ; 结果为正数的溢出情况）将结果变为
                                           ; 负数
            JMP          (5)
STAY:         (6)                          ; AL 中数的符号扩展到 AH
JUMP: MOV    AX, AX
              (7)   PLP
            NEG      AX
PLP:        MOV      [DI], AX
            ADD      DI, 2
            INC      BX
            DEC      CX
            JNZ      PRO
;     **** END ****
            LEA      DX, RESULT            ; 结果数据区首址
            LEA      SI, NAME1             ; 结果文件名
            MOV      CX, N*2               ; 结果字节数
            CALL     SAVE                  ; 保存结果到文件
            RET
START       ENDP
CODE        ENDS
            END      START
```

★★★

第 70 题

请编制程序，其功能是：从第 0 行第 0 列开始，依次取出 N 阶矩阵中对角线上的元素（字节型）并计算累加和（字型），然后将其存放在指定的内存区中。

例如：

内存中有　　　01H, 01H, 01H, 02H, 02H, 02H, 03H, 03H, 03H

结果为　　　　01H, 02H, 03H, 06H, 00H

部分程序已给出，其中原始数据由过程 LOAD 从文件 INPUT1.DAT 中读入 SOURCE 开始的内存单元中，转换结果要求从 RESULT 开始存放，由过程 SAVE 保存到文件 OUTPUT1.DAT 中。

请填空 BEGIN 和 END 之间已经给出的一段源程序使其完整，需填空处已经用横线标出，每个空白一般只需要填一条指令或指令的一部分（指令助记符或操作数），也可以填入功能相当的多条指令，或删去 BEGIN 和 END 之间原有的代码并自行编程来完成所要求的功能。

对程序必须进行汇编，并与 IO.OBJ 链接产生可执行文件，最终运行程序产生结果。调试过程中，若发现程序存在错误，请加以修改。

试题程序：

```
          EXTRN        LOAD:FAR,SAVE:FAR
N         EQU          10

DSEG      SEGMENT
SOURCE    DB           N*10 DUP(?)
RESULT    DB           (N+2) DUP(0)
NAME0     DB           'INPUT1.DAT',0
NAME1     DB           'OUTPUT1.DAT',0
DSEG      ENDS

SSEG      SEGMENT      STACK
          DB           256 DUP (?)
SSEG      ENDS

CSEG      SEGMENT
          ASSUME       CS:CSEG, SS:SSEG, DS:DSEG
START     PROC         FAR
          PUSH         DS
          XOR          AX, AX
          PUSH         AX
          MOV          AX, DSEG
          MOV          DS, AX
          MOV          ES, AX

          LEA          DX, SOURCE
          LEA          SI, NAME0
```

```
                MOV         CX, N*10
                CALL        LOAD
;       ***  BEGIN  ***
                LEA         DI, RESULT
                MOV         CX, 0
                MOV         DH, 0               ;行
                MOV         DL, 0               ;列
        NEXT:   MOV         AL, N
                MUL         ___(1)___
                MOV         BX, AX
                MOV         AL, DL
                ___(2)___
                MOV         SI, AX              ;列号送 SI
        MOV     AL, ___(3)___  [BX+SI]
                MOV         [DI], AL
                ADD         CL, AL
                ___(4)___
                INC         DI
                INC         DH
                INC         DL
                CMP         DL, ___(5)___
                JNE         NEXT
                MOV         [DI], CX
;       ***  END  ***
                LEA         DX, RESULT
                LEA         SI, NAME1
                MOV         CX, N+2
                CALL        SAVE
                RET
        START   ENDP
        CSEG    ENDS
                END         START
```

★★★

第 71 题

请编制程序，其功能是：内存中连续存放着由串行通讯接收到的 10 个字节数，根据通讯协议，前九个数应为 ASCII 字符（8 位二进制数表示，最高位为零）的偶校验码，最后一个数为前九个偶校验码的累加码（累加值的低 8 位二进制数），现依次判别接收的前九个字节数是否为偶校验码，若是，则将其转换为 ASCII 字符，否则以 07H 代替。然后计算接

收的前九个字节数的累加码,并与接收到的累加码比较,若相等则在紧跟九个转换结果后的一个内存单元中置 06H,否则置 07H。

例如:

内存中有　　B7H, 38H, 39H…

结果为　　　37H, 07H, 39H…后跟 06H 或 07H。

部分程序已给出,其中原始数据由过程 LOAD 从文件 INPUT1.DAT 中读入 SOURCE 开始的内存单元中,转换结果要求从 RESULT 开始存放,由过程 SAVE 保存到文件 OUTPUT1.DAT 中。

请填空 BEGIN 和 END 之间已经给出的一段源程序使其完整,需填空处已经用横线标出,每个空白一般只需要填一条指令或指令的一部分(指令助记符或操作数),也可以填入功能相当的多条指令,或删去 BEGIN 和 END 之间原有的代码并自行编程来完成所要求的功能。

对程序必须进行汇编,并与 IO.OBJ 链接产生执行文件,最终运行程序产生结果。调试过程中,若发现程序存在错误,请加以修改。

试题程序:

```
        EXTRN      LOAD:FAR, SAVE:FAR
N       EQU        10

STAC    SEGMENT    STACK
        DB         128  DUP(?)
STAC    ENDS

DATA    SEGMENT
SOURCE  DB         N DUP(?)              ; 顺序存放 9 个 ASCII 字符
RESULT  DB         N DUP(0)              ; 存放结果
NAME0   DB         'INPUT1.DAT',0
NAME1   DB         'OUTPUT1.DAT',0
DATA    ENDS

CODE    SEGMENT
        ASSUME     CS:CODE, DS:DATA, SS:STAC
START   PROC       FAR
        PUSH       DS
        XOR        AX, AX
        PUSH       AX
        MOV        AX, DATA
        MOV        DS, AX

        LEA        DX, SOURCE            ; 数据区起始地址
```

```
            LEA        SI,NAME0          ; 原始数据文件名
            MOV  ···   CX,N              ; 字节数
            CALL       LOAD              ; 从'INPUT1.DAT'中读取数据
;     **** BEGIN ****
            MOV        DI,OFFSET RESULT
            MOV        SI,OFFSET SOURCE
            MOV        DX,N
            MOV        AL,0
LP0:        MOV        BL,[SI]
            ___(1)___  AX
            MOV        CX,8
            MOV        AL,0
LP1:        ROR        BL,1
            ADC        AL,0
            LOOP       LP1
            AND        AL,01H
            ___(2)___  GOOD0
            MOV        BL,07H
            JMP        STORE0
GOOD0:      AND        __(3)__,__(4)__
STORE0:     MOV        [DI],BL
            ___(5)___  AX
            ADD        AL,[SI]
            INC        DI
            INC        SI
            DEC        DX
            JNZ        LP0
    ___(6)___
            JZ         GOOD1
            MOV        AL,07H
            JMP        STORE1
GOOD1:      MOV        AL,06H
STORE1:     MOV        [DI],AL
;     **** END ****
            LEA        DX,RESULT         ; 结果数据区首址
            LEA        SI,NAME1          ; 结果文件名
            MOV        CX,N              ; 结果字节数
            CALL       SAVE              ; 保存结果到文件
            RET
START       ENDP
```

```
CODE      ENDS
          END       START
```

****

第 72 题

请编制程序，其功能是：内存中连续存放着 10 个无符号 8 位二进制数，现将此十个数转换成 10 个 8 位格雷码表示的数，结果存入内存。其转换方法为格雷码的最高位 g_7 与二进制数的最高位 d_7 相同，格雷码的其余七位 g_k（k=6,…,0）分别为二进制数的位 d_{k+1}（k=6,…,0）与位 d_k（k=6,…,0）异或的结果。

例如：

内存中有　　00H，02H，32H，45H，08H，19H，67H，03H，90H，85H

结果为　　　00H，03H，2BH，67H，0CH，15H，54H，02H，D8H，C7H

部分程序已给出，其中原始数据由过程 LOAD 从文件 INPUT1.DAT 中读入 SOURCE 开始的内存单元中，运算结果要求从 RESULT 开始存放，由过程 SAVE 保存到文件 OUTPUT1.DAT 中。

请在 BEGIN 和 END 之间的源程序中填空，使其完整（空白已用横线标出，每个空白一般只需一条指令，但采用功能相当的多条指令亦可），或删除 BEGIN 和 END 之间原有的代码，并自行编程，完成所要求的功能。

对程序必须进行汇编，并与 IO.OBJ 链接产生可执行文件，最终运行程序产生结果。调试过程中，若发现程序存在错误，请加以修改。

试题程序：

```
          EXTRN     LOAD:FAR,SAVE:FAR
N         EQU       10

STAC      SEGMENT   STACK
          DB        128   DUP(?)
STAC      ENDS

DATA      SEGMENT
SOURCE    DB        N DUP(?)        ; 顺序存放 10 个字节数
RESULT    DB        N DUP(0)        ; 存放结果
NAME0     DB        'INPUT1.DAT',0
NAME1     DB        'OUTPUT1.DAT',0
DATA      ENDS

CODE      SEGMENT
          ASSUME    CS:CODE, DS:DATA, SS:STAC
START     PROC      FAR
```

```
            PUSH        DS
            XOR         AX, AX
            PUSH        AX
            MOV         AX, DATA
            MOV         DS, AX

            LEA         DX, SOURCE          ; 数据区起始地址
            LEA         SI, NAME0           ; 原始数据文件名
            MOV         CX, N               ; 字节数
            CALL        LOAD                ; 从' INPUT1. DAT'中读取数据
;    **** BEGIN ****
            LEA         DI, RESULT
            LEA         SI, SOURCE
            MOV         CX, 10
AGN0:       MOV         AX, [SI]
                 (1)
            MOV         CX, 8
            MOV         BX, 0
AGN1:       MOV         AH, 0
            (2)         BL, 1
            ROL         AL, 1
                 (3)
            CMP         AH, BH
             (4)        SET_ONE
            JMP         NEXT
SET_ONE: OR             BL, 01H
NEXT:       MOV              (5)    , AH
            LOOP        AGN1
                 (6)
            MOV         [DI], BL
            INC         SI
            INC         DI
            LOOP        AGN0
;    **** END ****
            LEA         DX, RESULT          ; 结果数据区首址
            LEA         SI, NAME1           ; 结果文件名
            MOV         CX, N               ; 结果字节数
            CALL        SAVE                ; 保存结果到文件
            RET
START       ENDP
```

```
        CODE      ENDS
                  END       START
```

★★

第 73 题

请编制程序，其功能是：内存中连续存放着 5 个递增的无符号 8 位二进制数，此 5 个数分别对应于某非线性温度传感器在温度 0℃、3℃、6℃、9℃、12℃时的输出值 Y_n(n=0、3、6、9、12)，现采用分段线性插值法求出传感器在温度 1℃、2℃、4℃、5℃、7℃、8℃、10℃和 11℃时的近似输出值 Y_k(k=1、2、4、5、7、8、10、11)，Y_k 取整数，其公式为 $Y_k=[(Y_{n+3}-Y_n)/3]*(k-n)+Y_n$，其中 k=n+1、n+2、n=0、3、6、9，将结果存入内存。

例如：

内存中有　　　01H, 0AH, 19H, 31H, 5EH

结果为　　　　04H, 07H, 0FH, 14H, 21H, 29H, 40H, 4FH

请部分程序已给出，其中原始数据由过程 LOAD 从文件 INPUT1.DAT 中读入 SOURCE 开始的内存单元中。运算结果要求从 RESULT 开始存放，由过程 SAVE 保存到文件 OUTPUT1.DAT 中。

请在 BEGIN 和 END 之间的源程序中填空，使其完整（空白已用横线标出，每个空白一般只需一条指令，但采用功能相当的多条指令亦可），或删除 BEGIN 和 END 之间原有的代码，并自行编程，完成所要求的功能。

对程序必须进行汇编，并与 IO.OBJ 链接产生可执行文件，最终运行程序产生结果。调试过程中，若发现程序存在错误，请加以修改。

试题程序：

```
            EXTRN     LOAD:FAR,SAVE:FAR
    N       EQU       5

    STAC    SEGMENT   STACK
            DB        128  DUP(?)
    STAC    ENDS

    DATA    SEGMENT
    SOURCE  DB        N DUP(?)        ; 顺序存放 10 个字节数
    RESULT  DB        8 DUP(0)        ; 存放结果
    NAME0   DB        'INPUT1.DAT',0
    NAME1   DB        'OUTPUT1.DAT',0
    DATA    ENDS

    CODE    SEGMENT
            ASSUME    CS:CODE, DS:DATA, SS:STAC
```

```
START      PROC        FAR
           PUSH        DS
           XOR         AX, AX
           PUSH        AX
           MOV         AX, DATA
           MOV         DS, AX

           LEA         DX, SOURCE        ; 数据区起始地址
           LEA         SI, NAME0         ; 原始数据文件名
           MOV         CX, N             ; 字节数
           CALL        LOAD              ; 从' INPUT1. DAT' 中读取数据
;     **** BEGIN ****
           LEA         DI, RESULT
           LEA         SI, SOURCE
           MOV         CX, 4
                  (1)
AGN0:      MOV         BL, [SI]
           INC         SI
           MOV         AL, [SI]
           SUB         AL, BL
                  (2)
           MOV         BH, 1
AGN1:      MUL              (3)
           DIV         DL
           ADD              (4)    , BL
           MOV         [DI], AL
           INC         DI
                  (5)
           PUSH        AX
           INC         BH
           CMP         BH,      (6)
           JNA         AGN1
           POP         AX
           LOOP        AGN0
;     **** END ****
           LEA         DX, RESULT        ; 结果数据区首址
           LEA         SI, NAME1         ; 结果文件名
           MOV         CX, 8             ; 结果字节数
           CALL        SAVE              ; 保存结果到文件
           RET
```

```
      START   ENDP
CODE          ENDS
              END     START
```

★★

第 74 题

请编制程序，其功能是：以 SOURCE 开始的内存区域存放着 N 个字节的有符号数。现找出最大的数，结果存放到 RESULT 指示的单元，其后存放原 N 个数逻辑取反后的值。

例如：

数据为　09H, 7EH, 89H, F3H, 17H, …, 67H（N 个数据）

结果为　7EH（最大数），F6H, 81H, 76H, 0CH, E8H, …, 98H（原来 N 个数的逻辑反）

部分程序已给出，其中原始数据由过程 LOAD 从文件 INPUT1.DAT 中读入 SOURCE 开始的内存单元中，运算结果要求从 RESULT 开始存放，由过程 SAVE 保存到文件 OUTPUT1.DAT 中。

请在 BEGIN 和 END 之间的源程序中填空，使其完整（空白已用横线标出，每个空白一般只需一条指令，但采用功能相当的多条指令亦可），或删除 BEGIN 和 END 之间原有的代码，并自行编程，完成所要求的功能。

对程序必须进行汇编，并与 IO.OBJ 链接产生可执行文件，最终运行程序产生结果。调试过程中，若发现程序存在错误，请加以修改。

试题程序：

```
            EXTRN       LOAD:FAR,SAVE:FAR
N           EQU         19

STAC        SEGMENT     STACK
            DB          128  DUP(?)
STAC        ENDS

DATA        SEGMENT
SOURCE      DB          N DUP(0)
RESULT      DB          (N+1)DUP(0)
NAME0       DB          'INPUT1.DAT',0
NAME1       DB          'OUTPUT1.DAT',0
DATA        ENDS

CODE        SEGMENT
            ASSUME      CS:CODE, DS:DATA, SS:STAC
START       PROC        FAR
            PUSH        DS
```

```
                XOR         AX, AX
                PUSH        AX
                MOV         AX, DATA
                MOV         DS, AX
                MOV         ES, AX

                LEA         DX, SOURCE        ; 数据区起始地址
                LEA         SI, NAME0         ; 原始数据文件名
                MOV         CX, N             ; 字节数
                CALL        LOAD              ; 从' INPUT1. DAT' 中读取数据
;      **** BEGIN ****
                __(1)__     SI, SOURCE
                MOV         BX, OFFSET SOURCE
                LEA         DI, RESULT
MAXD1:          MOV         CX, N
                MOV         DX, CX
                MOV         AL, __(2)__
MAXD2:          INC         BX
                __(3)__     AL, [BX]
                __(4)__
                MOV         AL, [BX]
MAXD3:          DEC         DX
                JNZ         __(5)__
                MOV         [DI], AL
                INC         DI
                CLD
MREP:           LODSB
                NOT AL
                __(6)__
                LOOP        MREP
;      **** END ****
                LEA         DX, RESULT        ; 结果数据区首址
                LEA         SI, NAME1         ; 结果文件名起始地址
                MOV         CX, N+1           ; 字节数
                CALL        SAVE              ; 保存结果到' OUTPUT1. DAT' 文件中
                RET
START           ENDP
CODE            ENDS
                END         START
```

★★

第 75 题

请编制程序，其功能是：内存中连续存放着两个无符号字节数序列 A_k 和 B_k（k=0, 1, …, 9），求序列 C_k，C_k 为 A_k 和 B_k 异或运算的结果。以字节的形式按 C_0, C_1, …, C_9 的顺序存放逻辑运算的结果。

例如：

序列 A_k 为 00H, 03H, 07H…

序列 B_k 为 FFH, AAH, 55H…

结果 C_k 为 FFH, A9H, 52H…

部分程序已给出，其中原始数据由过程 LOAD 从文件 INPUT1.DAT 中读入 SOURCE 开始的内存单元中，运算结果要求从 RESULT 开始存放，由过程 SAVE 保存到文件 OUTPUT1.DAT 中。

请在 BEGIN 和 END 之间的源程序中填空，使其完整（空白已用横线标出，每个空白一般只需一条指令，但采用功能相当的多条指令亦可），或删除 BEGIN 和 END 之间原有的代码，并自行编程，完成所要求的功能。

对程序必须进行汇编，并与 IO.OBJ 链接产生可执行文件，最终运行程序产生结果。调试过程中，若发现程序存在错误，请加以修改。

试题程序：

```
        EXTRN       LOAD:FAR,SAVE:FAR
N       EQU         10

STAC    SEGMENT     STACK
        DB          128  DUP(?)
STAC    ENDS

DATA    SEGMENT
SOURCE  DB          N*2 DUP(0)
RESULT  DB          N DUP(0)
NAME0   DB          'INPUT1.DAT',0
NAME1   DB          'OUTPUT1.DAT',0
DATA    ENDS

CODE    SEGMENT
        ASSUME      CS:CODE, DS:DATA, SS:STAC
START   PROC        FAR
        PUSH        DS
        XOR         AX,AX
        PUSH        AX
```

```
        MOV        AX, DATA
        MOV        DS, AX

        LEA        DX, SOURCE          ; 数据区起始地址
        LEA        SI, NAME0           ; 原始数据文件名
        MOV        CX, N*2             ; 字节数
        CALL       LOAD                ; 从' INPUT1. DAT'中读取数据
;    **** BEGIN ****
        MOV        _____(1)_____
        MOV        _____(2)_____
        MOV        BX, 0
PRO:    MOV        AL,_____(3)_____
        XOR        AL, [BX]
        MOV        _____(4)_____
        INC        DI
        _____(5)_____
        DEC        CX
        JNZ        PRO
;    **** END ****
        LEA        DX, RESULT          ; 结果数据区首址
        LEA        SI, NAME1           ; 结果文件名
        MOV        CX, N               ; 结果字节数
        CALL       SAVE                ; 保存结果到文件
        RET
START   ENDP
CODE    ENDS
        END        START
```

★★

第 76 题

请编制程序,其功能是:将 10 个无符号字节数据中高 4 位和低 4 位所表示的十六进制数分别转换为 ASCII 字符,并按照先低位后高位的顺序存放在指定的内存区中。

例如:

内存中有   61H, 4AH, 5BH…

结果为   31H, 36H, 41H, 34H, 42H, 35H…

部分程序已经给出,其中原始数据由过程 LOAD 从文件 INPUT1.DAT 中读入 SOURCE 开始的内存单元中,转换结果要求从 RESULT 开始存放,由过程 SAVE 保存到文件 OUTPUT1.DAT 中。

请填空 BEGIN 和 END 之间已经给出的一段源程序使其完整,需填空处已经用横线标

出，每个空白一般只需要填一条指令或指令的一部分（指令助记符或操作数），考生也可以填入功能相当的多条指令，或删去 BEGIN 和 END 之间原有的代码并自行编程来完成所要求的功能。

对程序必须进行汇编，并与 IO.OBJ 链接产生可执行文件，最终运行程序产生结果。调试过程中，若发现程序存在错误，请加以修改。

试题程序：

```
        EXTRN       LOAD:FAR,SAVE:FAR
N       EQU         10


DSEG    SEGMENT
SOURCE  DB          N DUP(?)
RESULT  DB          2*N DUP(0)
NAME0   DB          'INPUT1.DAT',0
NAME1   DB          'OUTPUT1.DAT',0
DSEG    ENDS


SSEG    SEGMENT     STACK
        DB          256 DUP (?)
SSEG    ENDS


CSEG    SEGMENT
        ASSUME      CS:CSEG, SS:SSEG, DS:DSEG
START   PROC        FAR
        PUSH        DS
        XOR         AX, AX
        PUSH        AX
        MOV         AX, DSEG
        MOV         DS, AX
        MOV         ES, AX


        LEA         DX, SOURCE
        LEA         SI, NAME0
        MOV         CX, N
        CALL        LOAD
;   *** BEGIN ***
        LEA         SI, SOURCE
        LEA         DI, RESULT
        MOV         CX, N
        CLD
```

```
NEXT:     LODSB
          MOV        BL, AL
          AND        AL,  __(1)__
          CALL       SR
          MOV        AL, BL
          PUSH       CX
          MOV        CL, 4
          SHR        AL, __(2)__
          ____(3)____
          CALL       SR
          LOOP       NEXT
          JMP        EXIT
          SR         PROC
          CMP        AL, 0AH
          JB         NUM
          ADD        AL, 07H
NUM:      ADD        AL, __(4)__
          STOSB
          RET
          SR         ____(5)____
;    *** END ***
EXIT:     LEA        DX, RESULT
          LEA        SI, NAME1
          MOV        CX, 2*N
          CALL       SAVE
RET
START     ENDP
CSEG      ENDS
          END        START
```

★★

第 77 题

请编制程序, 其功能是: 计算 10×3 矩阵中每一行元素 (八位二进制数) 之和, 并将其存放在指定的内存区中。

例如:

内存中有   00H, 00H, 00H, (第 1 行), 01H, 01H, 01H, (第 2 行), … 09H, 09H, 09H
            (第 10 行)

结果为   0000H, 0003H, …, 001BH

部分程序已经给出,其中原始数据由过程 LOAD 从文件 INPUT1.DAT 中读入 SOURCE

开始的内存单元中，转换结果要求从 RESULT 开始存放，由过程 SAVE 保存到文件 OUTPUT1.DAT 中。

请填空 BEGIN 和 END 之间已经给出的一段源程序使其完整，需填空处已经用横线标出，每个空白一般只需要填一条指令或指令的一部分（指令助记符或操作数），考生也可以填入功能相当的多条指令，或删去 BEGIN 和 END 之间原有的代码并自行编程来完成所要求的功能。

对程序必须进行汇编，并与 IO.OBJ 链接产生可执行文件，最终运行程序产生结果。调试过程中，若发现程序存在错误，请加以修改。

试题程序：

```
            EXTRN       LOAD:FAR,SAVE:FAR
N           EQU         30

DSEG        SEGMENT
SOURCE      DB          N DUP(?)
RESULT      DW          N/3 DUP(0)
I           EQU         10
J           EQU         3
NAME0       DB          'INPUT1.DAT',0
NAME1       DB          'OUTPUT1.DAT',0
DSEG        ENDS

SSEG        SEGMENT     STACK
            DB          256 DUP (?)
SSEG        ENDS

CSEG        SEGMENT
            ASSUME      CS:CSEG, SS:SSEG, DS:DSEG
START       PROC        FAR
            PUSH        DS
            XOR         AX, AX
            PUSH        AX
            MOV         AX, DSEG
            MOV         DS, AX
            MOV         ES, AX

            LEA         DX, SOURCE
            LEA         SI, NAME0
            MOV         CX, N
            CALL        LOAD
```

```
;      *** BEGIN ***
          LEA        SI, SOURCE
          LEA        DI, RESULT
          MOV        BX, 1
LPI:      MOV        DX, 0
          MOV        CX, 1
LPJ:      MOV        AL, [SI]
                   (1)
          ADD        DX, AX
          INC              (2)
          INC        CX
          CMP        CX,      (3)
          JBE        LPJ
          MOV        [DI],    (4)
          ADD        DI,    (5)

          INC        BX
          CMP        BX, I
          JBE        LPI
;      *** END ***
          LEA        DX, RESULT
          LEA        SI, NAME1
          MOV        CX, N*2/3
          CALL       SAVE
      RET
START     ENDP
CSEG      ENDS
          END        START
```

☆☆

第 78 题

请编制程序，其功能是：计算 3×10 矩阵中每一列元素（八位二进制数）之和，并其结果存放在指定的内存区中。

例如：

内存中有 00H, 00H, ..., 00H（第 1 行），01H, 01H, ..., 01H（第 2 行），09H, 09H, ..., 09H（第 3 行）

结果为 000AH, 000AH, ..., 000AH

部分程序已经给出，其中原始数据由过程 LOAD 从文件 INPUT1.DAT 中读入 SOURCE 开始的内存单元中，转换结果要求从 RESULT 开始存放，由过程 SAVE 保存到文件

OUTPUT1.DAT 中。

请填空 BEGIN 和 END 之间已经给出的一段源程序使其完整，需填空处已经用横线标出，每个空白一般只需要填一条指令或指令的一部分（指令助记符或操作数），考生也可以填入功能相当的多条指令，或删去 BEGIN 和 END 之间原有的代码并自行编程来完成所要求的功能。

对程序必须进行汇编，并与 IO.OBJ 链接产生可执行文件，最终运行程序产生结果。调试过程中，若发现程序存在错误，请加以修改。

试题程序：

```
        EXTRN       LOAD:FAR,SAVE:FAR
N       EQU         30

DSEG    SEGMENT
SOURCE  DB          N DUP(?)
SRC     DW          SOURCE
RESULT  DW          N/3 DUP(0)
I       EQU         3
J       EQU         10
NAME0   DB          'INPUT1.DAT',0
NAME1   DB          'OUTPUT1.DAT',0
DSEG    ENDS

SSEG    SEGMENT     STACK
        DB          256 DUP (?)
SSEG    ENDS

CSEG    SEGMENT
        ASSUME      CS:CSEG, SS:SSEG, DS:DSEG
START   PROC        FAR
        PUSH        DS
        XOR         AX, AX
        PUSH        AX
        MOV         AX, DSEG
        MOV         DS, AX
        MOV         ES, AX

        LEA         DX, SOURCE
        LEA         SI, NAME0
        MOV         CX, N
        CALL        LOAD
```

```
;     *** BEGIN ***
        LEA        SI, SOURCE
        LEA        DI, RESULT
        MOV        BX, 1
LPJ:    MOV        DX, 0
        MOV        CX, 1
LPI:    MOV        AL, [SI]
             _____(1)_____
        ADD        DX, AX
        ADD        SI, _____(2)_____
        INC        CX
        CMP        CX, I
        JBE        LPI
        MOV        [DI], DX
        ADD        DI, _____(3)_____
        INC        SRC
        MOV        SI, SRC
             _____(4)_____
        CMP        BX, _____(5)_____
        JBE        LPJ
;     *** END ***
        LEA        DX, RESULT
        LEA        SI, NAME1
        MOV        CX, N*2/3
        CALL       SAVE
RET
START   ENDP
CSEG    ENDS
        END        START
```

★★

第 79 题

请编制程序，其功能是：在递增的有序字节数组中插入一个正整数，并按指定的数组个数存入内存区中。假设数组元素均为正数。

例如，将 02H 插入下面的数组中：

01H, 03H, 04H, 05H…

结果为　01H, 02H, 03H, 04H, 05H…

部分程序已经给出，其中原始数据由过程 LOAD 从文件 INPUT1.DAT 中读入 SOURCE 开始的内存单元中，转换结果要求从 RESULT 开始存放，由过程 SAVE 保存到文件

155

OUTPUT1.DAT 中。

请填空 BEGIN 和 END 之间已经给出的一段源程序使其完整，需填空处已经用横线标出，每个空白一般只需要填一条指令或指令的一部分（指令助记符或操作数），考生也可以填入功能相当的多条指令，或删去 BEGIN 和 END 之间原有的代码并自行编程来完成所要求的功能。

对程序必须进行汇编，并与 IO.OBJ 链接产生可执行文件，最终运行程序产生结果。调试过程中，若发现程序存在错误，请加以修改。

试题程序：

```
        EXTRN       LOAD:FAR,SAVE:FAR
N       EQU         10

DSEG    SEGMENT
MIN     DB          -1
SOURCE  DB          N DUP(?)
X       EQU         2                    ;插入的数
RESULT  DB          N DUP(0)
NAME0   DB          'INPUT1.DAT',0
NAME1   DB          'OUTPUT1.DAT',0
DSEG    ENDS

SSEG    SEGMENT     STACK
        DB          256 DUP (?)
SSEG    ENDS

CSEG    SEGMENT
        ASSUME      CS:CSEG, SS:SSEG, DS:DSEG
START   PROC        FAR
        PUSH        DS
        XOR         AX, AX
        PUSH        AX
        MOV         ·AX, DSEG
        MOV         DS, AX
        MOV         ES, AX

        LEA         DX, SOURCE
        LEA         SI, NAME0
        MOV         CX, N
        CALL        LOAD
;    *** BEGIN ***
```

```
              LEA       BX, SOURCE
              MOV       SI, N-2
              ADD       BX, SI
              MOV       SI, 0
              MOV       AL, X
LP:           CMP       _____(1)_____, [BX+SI]
              JGE       INS
              MOV       DL, [BX+SI]
              MOV       [BX+SI+1], _____(2)_____
              DEC       _____(3)_____
              JMP       LP
INS:          MOV       _____(4)_____, AL
              CLD
              LEA       SI, SOURCE
              LEA       DI, RESULT
              MOV       CX, N
     ___(5)___          MOVSB
;     *** END ***
              LEA       DX, RESULT
              LEA       SI, NAME1
              MOV       CX, N
              CALL      SAVE
RET
START   ENDP
CSEG    ENDS
        END       START
```

★★

第 80 题

请编制程序，其功能是：内存中存放的四组带符号 8 位二进制数（每组由五个数组成，均不为零）进行处理。处理方法为：当每组中负数多于正数时，将组内正数变成负数（但绝对值不变，下同），组内负数不变。反之，将组内负数变成正数，组内正数不变。变换好的数按原序存放在内存中。

例如：

内存中有 FDH, FEH, 02H, 01H, 03H, 01H, FFH, FEH, FDH…（共四组 20 个数）

结果为 03H, 02H, 02H, 01H, 03H, FFH, FFH, FEH, FDH…（共 20 个数）

部分程序已给出，其中原始数据由过程 LOAD 从文件 INPUT1.DAT 中读入 SOURCE 开始的内存单元中。运算结果要求从 RESULT 开始存放，由过程 SAVE 保存到文件 OUTPUT1.DAT 中。

请在 BEGIN 和 END 之间的源程序中填空，使其完整（空白已用横线标出，每个空白一般只需一条指令，但采用功能相当的多条指令亦可），或删除 BEGIN 和 END 之间原有的代码，并自行编程，完成所要求的功能。

对程序必须进行汇编，并与 IO.OBJ 链接产生可执行文件，最终运行程序产生结果。调试过程中，若发现程序存在错误，请加以修改。

试题程序：

```
        EXTRN       LOAD:FAR,SAVE:FAR
N       EQU         20

STAC    SEGMENT     STACK
        DB          128  DUP(?)
STAC    ENDS

DATA    SEGMENT
SOURCE  DB          N DUP(?)
RESULT  DB          N DUP(0)
NAME0   DB          'INPUT1.DAT',0
NAME1   DB          'OUTPUT1.DAT',0
DATA    ENDS

CODE    SEGMENT
        ASSUME      CS:CODE, DS:DATA, SS:STAC
START   PROC        FAR
        PUSH        DS
        XOR         AX,AX
        PUSH        AX
        MOV         AX,DATA
        MOV         DS,AX

        LEA         DX,SOURCE       ; 数据区起始地址
        LEA         SI,NAME0        ; 原始数据文件名
        MOV         CX,N            ; 字节数
        CALL        LOAD            ; 从' INPUT1.DAT' 中读取数据
;   **** BEGIN ****
        MOV         SI,0
        MOV         DI,0
        MOV         BX,____(1)____
REPT1:  MOV         DX,0
        MOV         CX,5
```

```
CAMP:     MOV        AL,SOURCE[SI]
          INC        SI
          CMP        AL,0
          ___(2)___  CONT
          JMP        ___(3)___
CONT:     INC        DX
NEXT:     LOOP       CAMP
          SUB        SI,5
          MOV        CX,5
          CMP        DX,3
          ___(4)___  NEG1
          JMP        NEXT1
NEG1:     MOV        AL,SOURCE[SI]
          INC        SI
          CMP        AL,0
          JG         NEG2
          JMP        NOTNEG
NEG2:     NEG        AL
NOTNEG:   MOV        RESULT[DI],AL
          INC        DI
          LOOP       NEG1
          JMP        NEXT2
NEXT1:    MOV        AL,SOURCE[SI]
          INC        SI
          CMP        AL,___(5)___
          JL         NEG3
          JMP        ___(6)___
NEG3:     NEG        AL
NOTNEG1:  MOV        RESULT[DI],AL
          INC        DI
          LOOP       NEXT1
NEXT2:    DEC        BX
          ___(7)___
          JMP        REPT1
EXIT:     NOP
;    **** END ****
          LEA        DX,RESULT      ; 结果数据区首址
          LEA        SI,NAME1       ; 结果文件名
          MOV        CX,N           ; 结果字节数
          CALL       SAVE           ; 保存结果到文件
```

```
                    RET
        START       ENDP
        CODE        ENDS
                    END         START
```

★★★

第 81 题

请编制程序，其功能是：内存中连续存放着 20 个 ASCII 字符，如果是小写字母 a~z 之间的字符，请把它们转换成相应的大写字符；若为其他字符，不作转换。

例如：

内存中有   61H（'a'），62H（'b'），31H（'1'），41H（'A'），42H（'B'）...

结果为   41H（'A'），42H（'B'），31H，41H（'A'），42H（'B'）...

部分程序已给出，其中原始数据由过程 LOAD 从文件 INPUT1.DAT 中读入 SOURCE 开始的内存单元中。运算结果要求从 RESULT 开始存放，由过程 SAVE 保存到文件 OUTPUT1.DAT 中。

请在 BEGIN 和 END 之间的源程序中填空，使其完整（空白已用横线标出，每个空白一般只需一条指令，但采用功能相当的多条指令亦可），或删除 BEGIN 和 END 之间原有的代码，并自行编程，完成所要求的功能。

对程序必须进行汇编，并与 IO.OBJ 链接产生可执行文件，最终运行程序产生结果。调试过程中，若发现程序存在错误，请加以修改。

试题程序：

```
            EXTRN       LOAD:FAR,SAVE:FAR
N           EQU         20

STAC        SEGMENT     STACK
            DB          128  DUP(?)
STAC        ENDS

DATA        SEGMENT
SOURCE      DB          N DUP(?)
RESULT      DB          N DUP(0)
NAME0       DB          'INPUT1.DAT',0
NAME1       DB          'OUTPUT1.DAT',0
DATA        ENDS

CODE        SEGMENT
            ASSUME      CS:CODE, DS:DATA, SS:STAC
START       PROC        FAR
```

160

```
            PUSH        DS
            XOR         AX, AX
            PUSH        AX
            MOV         AX, DATA
            MOV         DS, AX

            LEA         DX, SOURCE          ; 数据区起始地址
            LEA         SI, NAME0           ; 原始数据文件名
            MOV         CX, N               ; 字节数
            CALL        LOAD                ; 从' INPUT1. DAT' 中读取数据
    ;    **** BEGIN ****
            LEA         SI, SOURCE
            LEA         DI, RESULT
            MOV         CX, N
    NEXT:   MOV         AL, [SI]
            CMP         AL, 'a'
            JB          ___(1)___
            CMP         AL, ___(2)___
            J___(3)___  UPPER2
            AND         ___(4)___
    UPPER2: MOV         [DI], ___(5)___
            INC         ___(6)___
            INC         ___(7)___
            ___(8)___   NEXT
    ;    **** END ****
            LEA         DX, RESULT          ; 结果数据区首址
            LEA         SI, NAME1           ; 结果文件名
            MOV         CX, N               ; 结果字节数
            CALL        SAVE                ; 保存结果到文件
            RET
    START   ENDP
    CODE    ENDS
            END         START
```

★★★

第82题

请编制程序，其功能是：内存中连续存放着两个有符号字节数序列 A_k 和 B_k（k=0, 1, …, 9），求序列 C_k，$C_k=A_k÷B_k$（运算结果按序以字的形式连续存放，其中低字节为商，高字节

为余数）。

例如：

序列 A_k 为 FFH（-1D），81H（-127D），C0H（-64D），80H（-128D）…

序列 B_k 为 81H（-127D），40H（64D），81H（-127D），01H（1D）…

则结果 C_k 为 FF00H（00H（0D）为商、FFH（-1D）为余数），C1FFH，C000H，0080H…

部分程序已给出，其中原始数据由过程 LOAD 从文件 INPUT1.DAT 中读入 SOURCE 开始的内存单元中，运算结果要求从 RESULT 开始存放，由过程 SAVE 保存到文件 OUTPUT1.DAT 中。

请在 BEGIN 和 END 之间的源程序中填空，使其完整（空白已用横线标出，每个空白一般只需一条指令，但采用功能相当的多条指令亦可），或删除 BEGIN 和 END 之间原有的代码，并自行编程，完成所要求的功能。

对程序必须进行汇编，并与 IO.OBJ 链接产生可执行文件，最终运行程序产生结果。调试过程中，若发现程序存在错误，请加以修改。

试题程序：

```
        EXTRN       LOAD:FAR,SAVE:FAR
N       EQU         10

STAC    SEGMENT     STACK
        DB          128  DUP(?)
STAC    ENDS

DATA    SEGMENT
SOURCE  DB          N*2 DUP(?)
RESULT  DW          N DUP(0)
NAME0   DB          'INPUT1.DAT',0
NAME1   DB          'OUTPUT1.DAT',0
DATA    ENDS

CODE    SEGMENT
        ASSUME      CS:CODE, DS:DATA, SS:STAC
START   PROC        FAR
        PUSH        DS
        XOR         AX,AX
        PUSH        AX
        MOV         AX,DATA
        MOV         DS,AX

        LEA         DX,SOURCE       ; 数据区起始地址
        LEA         SI,NAME0        ; 原始数据文件名
```

```
        MOV         CX,N*2              ; 字节数
        CALL        LOAD                ; 从'INPUT1.DAT'中读取数据
;   **** BEGIN ****
              (1)
        MOV         DI, ____(2)____
        MOV         CX,N
PRO:    MOV         AL,   (3)
        ____(4)____                     ;AL 中数的符号扩展到 AH,正的字节变
                                        ;成正的字,负的字节变成负的字
        ____(5)____ SOURCE[BX+N]
        MOV         ____(6)____,AX
        ADD         DI,2
        INC         BX
        DEC         CX
        JNZ         PRO
;   **** END ****
        LEA         DX,RESULT           ; 结果数据区首址
        LEA         SI,NAME1            ; 结果文件名
        MOV         CX,2*N              ; 结果字节数
        CALL        SAVE                ; 保存结果到文件
        RET
START   ENDP
CODE    ENDS
        END         START
```

****

第83题

请编制程序,其功能是:内存中连续存放着 16 个 10 位无符号二进制数 $DB_9DB_8...DB_0$,其存放格式均为

DB_9 DB_8 DB_7 DB_6 DB_5 DB_4 DB_3 DB_2　　DB_1 DB_0 0 0 0 0 0 0
|←—————— 低地址字节 ——————→|　|←—————高地址字节—→|

请判别这 16 个 10 位二进制数是否小于等于 200H;若小于等于 200H,则相应地在内存中存入 01H;否则,存入 00H。最后存放这 16 个 10 位二进制数中小于等于 200H 的 10位无符号二进制的个数 n(n 用一个字节表示)。

例如:

内存中有　　C048H,4091H,0080H...

结果为　　　01H, 00H, 01H...（共 16 个字节),后跟 n

部分程序已给出,其中原始数据由过程 LOAD 从文件 INPUT1.DAT 中读入 SOURCE

开始的内存单元中。运算结果要求从 RESULT 开始存放，由过程 SAVE 保存到文件 OUTPUT1.DAT 中。

请在 BEGIN 和 END 之间的源程序中填空，使其完整（空白已用横线标出，每个空白一般只需一条指令，但采用功能相当的多条指令亦可），或删除 BEGIN 和 END 之间原有的代码，并自行编程，完成所要求的功能。

对程序必须进行汇编，并与 IO.OBJ 链接产生可执行文件，最终运行程序产生结果。调试过程中，若发现程序存在错误，请加以修改。

试题程序：

```
            EXTRN       LOAD:FAR,SAVE:FAR
N           EQU         16

STAC        SEGMENT     STACK
            DB          128  DUP(?)
STAC        ENDS

DATA        SEGMENT
SOURCE      DW          N DUP(?)
RESULT      DB          (N+1)DUP(0)
NAME0       DB          'INPUT1.DAT',0
NAME1       DB          'OUTPUT1.DAT',0
DATA        ENDS

CODE        SEGMENT
            ASSUME      CS:CODE, DS:DATA, SS:STAC
START       PROC        FAR
            PUSH        DS
            XOR         AX,AX
            PUSH        AX
            MOV         AX,DATA
            MOV         DS,AX

            LEA         DX,SOURCE       ; 数据区起始地址
            LEA         SI,NAME0        ; 原始数据文件名
            MOV         CX,N*2              ; 字节数
            CALL        LOAD            ; 从'INPUT1.DAT'中读取数据
;    **** BEGIN ****
            MOV         DI,OFFSET RESULT
            MOV         CH,N
            MOV         CL,____(1)____
```

```
          MOV        BX,0
          MOV        DX,0100H
PRO:      MOV        AH,BYTE PTR SOURCE[BX]  ;10位无符号二进制数高八位
          MOV        AL,_____(2)_____   ;10位无符号二进制数低二位
          CMP        AX,___(3)___
          JNBE       C_0
          MOV        [DI],___(4)___
          INC        ___(5)___
          INC        DI
          JMP        JUMP
C_0:      MOV        [DI],DL
          ___(6)___
JUMP:     ADD        BL,2
          DEC        CH
          JNZ        PRO
          MOV        [DI],CL
;    **** END ****
          LEA        DX,RESULT      ;结果数据区首址
          LEA        SI,NAME1       ;结果文件名
          MOV        CX,N+1         ;结果字节数
          CALL       SAVE           ;保存结果到文件
          RET
START     ENDP
CODE      ENDS
          END        START
```

****

第 84 题

请编制程序，其功能是：内存中连续存放着 10 个二进制字节数，每个数的序号依次定义为 0,1,...9。统计每个数中位为 1 的个数 N0，N1，…，N9（均用一个字节表示），然后按序将 N0 至 N9 存入内存中，最后再用一个字节表示这 10 个数中为 1 的位的总数 n(n=N0+N1+…+N9)。

例如：

内存中有　　　00H, 01H, 03H ...

结果为　　　　00H, 01H, 02H ... 最后为 n

部分程序已给出，其中原始数据由过程 LOAD 从文件 INPUT1.DAT 中读入 SOURCE 开始的内存单元中。运算结果要求从 RESULT 开始存放，由过程 SAVE 保存到文件 OUTPUT1.DAT 中。

请在 BEGIN 和 END 之间的源程序中填空，使其完整（空白已用横线标出，每个空白

165

一般只需一条指令，但采用功能相当的多条指令亦可），或删除 BEGIN 和 END 之间原有的代码，并自行编程，完成所要求的功能。

对程序必须进行汇编，并与 IO.OBJ 链接产生可执行文件，最终运行程序产生结果。调试过程中，若发现程序存在错误，请加以修改。

试题程序：

```
        EXTRN       LOAD:FAR,SAVE:FAR
N       EQU         10

STAC    SEGMENT     STACK
        DB          128   DUP(?)
STAC    ENDS

DATA    SEGMENT
SOURCE  DB          N DUP(?)
RESULT  DB          (N+1)DUP(0)
NAME0   DB          'INPUT1.DAT',0
NAME1   DB          'OUTPUT1.DAT',0
DATA    ENDS

CODE    SEGMENT
        ASSUME      CS:CODE, DS:DATA, SS:STAC
START   PROC        FAR
        PUSH        DS
        XOR         AX,AX
        PUSH        AX
        MOV         AX,DATA
        MOV         DS,AX

        LEA         DX,SOURCE       ; 数据区起始地址
        LEA         SI,NAME0        ; 原始数据文件名
        MOV         CX,N            ; 字节数
        CALL        LOAD            ; 从'INPUT1.DAT'中读取数据
;    **** BEGIN ****
        MOV         CL,N
        MOV         DI,OFFSET RESULT
        MOV         BX,0
        MOV         DH,0
PRO:    MOV         DL,0
        MOV         AL,SOURCE[BX]
```

```
              MOV          CH,      (1)
COUNT:               (2)
              JNC             (3)
              INC          DL
JUMP:         DEC          CH
                 (4)       COUNT
              MOV          [DI],    (5)
              ADD          DH,DL
              INC          DI
              INC          BX
              DEC          CL
              JNZ          PRO
              MOV             (6)
;     **** END ****
              LEA          DX,RESULT      ; 结果数据区首址
              LEA          SI,NAME1       ; 结果文件名
              MOV          CX,N+1         ; 结果字节数
              CALL         SAVE           ; 保存结果到文件
              RET
START         ENDP
CODE          ENDS
              END          START
```

★★★

第 85 题

请编制程序，其功能是：内存中有一个 ASCII 字符串（从 SOURCE 开始存放），试将其中所有连续的回车与换行符（0DH，0AH）置换成单个回车符（0DH）。字符串以 00H 结尾，长度（包括 00H）不超过 100 个字节。

例如：字符串　41H, 42H, 0DH, 0AH, 43H, 00H

　　　　转换为　41H, 42H, 0DH, 43H, 00H

部分程序已给出，其中原始数据由过程 LOAD 从文件 INPUT1.DAT 中读入 SOURCE 开始的内存单元中。运算结果要求从 RESULT 开始存放，由过程 SAVE 保存到文件 OUTPUT1.DAT 中。

请在 BEGIN 和 END 之间的源程序中填空，使其完整（空白已用横线标出，每个空白一般只需一条指令，但采用功能相当的多条指令亦可），或删除 BEGIN 和 END 之间原有的代码，并自行编程，完成所要求的功能。

对程序必须进行汇编，并与 IO.OBJ 链接产生可执行文件，最终运行程序产生结果。调试过程中，若发现程序存在错误，请加以修改。

试题程序：

```
        EXTRN       LOAD:FAR,SAVE:FAR
N       EQU         100

STAC    SEGMENT     STACK
        DB          128  DUP(?)
STAC    ENDS

DATA    SEGMENT
SOURCE  DB          N DUP(0)
RESULT  DB          N DUP(0)
NAME0   DB          'INPUT1.DAT',0
NAME1   DB          'OUTPUT1.DAT',0
DATA    ENDS

CODE    SEGMENT
        ASSUME      CS:CODE, DS:DATA, SS:STAC
START   PROC        FAR
        PUSH        DS
        XOR         AX,AX
        PUSH        AX
        MOV         AX,DATA
        MOV         DS,AX

        LEA         DX,SOURCE       ; 数据区起始地址
        LEA         SI,NAME0        ; 原始数据文件名
        MOV         CX,N            ; 字节数
        CALL        LOAD            ; 从'INPUT1.DAT'中读取数据
;   **** BEGIN ****
        LEA         SI,SOURCE
        LEA         DI,RESULT
L0:     MOV         AL,[SI]
        ___(1)___
        ___(2)___
        MOV         [DI],AL
        INC         SI
        INC         DI
        CMP         AL,0DH
        J  (3)      L1
```

```
            JMP             (4)
L1:         MOV             AH,[SI]
            CMP             AH,0AH
            JNE             L0
        (5)
            JMP             L0
QUIT:       MOV             [DI],AL
;    **** END ****
            LEA             DX,RESULT       ; 结果数据区首址
            LEA             SI,NAME1        ; 结果文件名
            MOV             CX,N            ; 结果字节数
            CALL            SAVE            ; 保存结果到文件
            RET
START       ENDP
CODE        ENDS
            END             START
```

****

第 86 题

请编制程序，其功能是：设内存中有一个由 20 个八位无符号数组成的数组 A（下标从 1 开始），试求出一个新数组 B 使

$B(I) = A(I)$ I=1，20
$B(I) = (A(I-1)+2*A(I)+A(I+1))/4$ I=1~19

结果仍以八位无符号数存放。为了得到尽可能高的精度，要求最后做除法运算。

例如：A 为 39H，C6H，D8H，94H…
     B 为 39H，A7H，C2H…

部分程序已给出，其中原始数据由过程 LOAD 从文件 INPUT1.DAT 中读入 A 开始的内存单元中。运算结果要求从 B 开始存放，由过程 SAVE 保存到文件 OUTPUT1.DAT 中（注意：本题的源数据区及结果数据区分别从 A 和 B 起始）。

请在 BEGIN 和 END 之间的源程序中填空，使其完整（空白已用横线标出，每个空白一般只需一条指令，但采用功能相当的多条指令亦可），或删除 BEGIN 和 END 之间原有的代码，并自行编程，完成所要求的功能。

对程序必须进行汇编，并与 IO.OBJ 链接产生可执行文件，最终运行程序产生结果。调试过程中，若发现程序存在错误，请加以修改。

试题程序：

```
            EXTRN           LOAD:FAR,SAVE:FAR
N           EQU             20
```

```
STAC       SEGMENT     STACK
           DB          128  DUP(?)
STAC       ENDS


DATA       SEGMENT
A          DB          N DUP(?)
B          DB          N DUP(0)
NAME0      DB          'INPUT1.DAT',0
NAME1      DB          'OUTPUT1.DAT',0
DATA       ENDS


CODE       SEGMENT
           ASSUME      CS:CODE, DS:DATA, SS:STAC
START      PROC        FAR
           PUSH        DS
           XOR         AX,AX
           PUSH        AX
           MOV         AX,DATA
           MOV         DS,AX


           LEA         DX,A              ; 数据区起始地址
           LEA         SI,NAME0          ; 原始数据文件名
           MOV         CX,N              ; 字节数
           CALL        LOAD              ; 从' INPUT1.DAT'中读取数据
;     **** BEGIN ****
           LEA         SI,A
           LEA         DI,B
           MOV         AL,[SI]           ;B[1]=A[1]
           MOV         [DI],AL
           _____(1)_____
           _____(2)_____
           INC         SI
           INC         DI
           MOV         CX,____(3)____
L0:        XOR         AX,AX
           XOR         BX,BX
           XOR         DX,DX
           MOV         AL,____(4)____
           MOV         BL,____(5)____
           MOV         DL,____(6)____
```

170

```
          (7)         AX, 1
        ADD         AX, BX
        ADD         AX, DX
        SHR         AX, 1
        SHR         AX, 1
        MOV         [DI], AL
        INC         SI
        INC         DI
        LOOP        L0
;    **** END ****
        LEA         DX, B        ; 结果数据区首址
        LEA         SI, NAME1    ; 结果文件名
        MOV         CX, N        ; 结果字节数
        CALL        SAVE         ; 保存结果到文件
        RET
START   ENDP
CODE    ENDS
        END         START
```

☆☆

第 87 题

请编制程序，其功能是：内存中的 20 个有符号字节数据依次除以 5，并按照四舍五入原则（即余数绝对值的 2 倍小于除数，则舍去）将商存入指定的内存区域。

例如：

内存中有　　10H, 01H, 27H, 00H, FFH, F8H…

结果为　　　03H, 00H, 07H, 00H, 00H, FEH…

部分程序已给出，其中原始数据由过程 LOAD 从文件 INPUT1.DAT 中读入 SOURCE 开始的内存单元中。运算结果要求从 RESULT 开始存放，由过程 SAVE 保存到文件 OUTPUT1.DAT 中。

请在 BEGIN 和 END 之间的源程序中填空，使其完整（空白已用横线标出，每个空白一般只需一条指令，但采用功能相当的多条指令亦可），或删除 BEGIN 和 END 之间原有的代码，并自行编程，完成所要求的功能。

对程序必须进行汇编，并与 IO.OBJ 链接产生可执行文件，最终运行程序产生结果。调试过程中，若发现程序存在错误，请加以修改。

试题程序：

```
        EXTRN       LOAD:FAR,SAVE:FAR
N       EQU         20
X       EQU         5
```

```
        DSEG      SEGMENT
        SOURCE    DB          N DUP(?)
        RESULT    DB          N DUP(0)
        NAME0     DB          'INPUT1.DAT',0
        NAME1     DB          'OUTPUT1.DAT',0
        DSEG      ENDS


        SSEG      SEGMENT     STACK
                  DB          256 DUP(?)
        SSEG      ENDS


        CSEG      SEGMENT
                  ASSUME      CS:CSEG, SS:SSEG, DS:DSEG
        START     PROC        FAR
                  PUSH        DS
                  XOR         AX, AX
                  PUSH        AX
                  MOV         AX, DSEG
                  MOV         DS, AX
                  MOV         ES, AX


                  LEA         DX, SOURCE
                  LEA         SI, NAME0
                  MOV         CX, N
                  CALL        LOAD
        ;    *** BEGIN ***
                  LEA         SI, SOURCE
                  LEA         DI, RESULT
        CONT:     LODSB
                  CBW
                  MOV         DL, X
                  IDIV        DL
        _____(1)_____        ;余数为负数吗?
                  JNS         PLUS
        _____(2)_____        ;求绝对值
                  ADD         AH, AH
                  CMP         AH, DL
                  JB          _____(3)_____
                  SUB         AL, 1
```

```
                JMP             NEXT
PLUS:           ADD             _____(4)_____
                CMP             AH, DL
                JB              NEXT
                _____(5)_____
NEXT:           STOSB
                CMP             SI, N
                JB              CONT
;       **** END ****
                LEA             DX, RESULT
                LEA             SI, NAME1
                MOV             CX, N
                CALL            SAVE
                RET
START           ENDP
CSEG            ENDS
                END             START
```

★★

第 88 题

请编制程序，其功能是：对 10 个无符号字节数据排序（升序），然后剔除第一个数和最后一个数，并按照四舍五入原则计算其余 8 个数据的算术平均值。将剩余的 8 个数据存入指定的内存区域中，其后存放平均值。

例如：

内存中有　　　01H，05H，04H，00H，07H，09H，02H，06H，08H，03H

结果为　　　　01H，02H，03H，04H，05H，06H，07H，08H，05H

部分程序已给出，其中原始数据由过程 LOAD 从文件 INPUT1.DAT 中读入 SOURCE 开始的内存单元中。运算结果要求从 RESULT 开始存放，由过程 SAVE 保存到文件 OUTPUT1.DAT 中。

请在 BEGIN 和 END 之间的源程序中填空，使其完整（空白已用横线标出，每个空白一般只需一条指令，但采用功能相当的多条指令亦可），或删除 BEGIN 和 END 之间原有的代码，并自行编程，完成所要求的功能。

对程序必须进行汇编，并与 IO.OBJ 链接产生可执行文件，最终运行程序产生结果。调试过程中，若发现程序存在错误，请加以修改。

试题程序：

```
                EXTRN           LOAD:FAR,SAVE:FAR
N               EQU             10
```

```
DSEG      SEGMENT
SOURCE    DB          N   DUP(?)
RESULT    DB          N-1 DUP(0)
NAME0     DB          'INPUT1.DAT',0
NAME1     DB          'OUTPUT1.DAT',0
TEMP      DW          0
DSEG      ENDS


SSEG      SEGMENT     STACK
          DB          256 DUP(?)
SSEG      ENDS


CSEG      SEGMENT
          ASSUME      CS:CSEG, SS:SSEG, DS:DSEG
START     PROC        FAR
          PUSH        DS
          XOR         AX, AX
          PUSH        AX
          MOV         AX, DSEG
          MOV         DS, AX
          MOV         ES, AX

          LEA         DX, SOURCE
          LEA         SI, NAME0
          MOV         CX, N
          CALL        LOAD
;    *** BEGIN ***
          MOV         BX, _____(1)_____
GOONI:          _____(2)_____
          MOV         CX, N
          LEA         SI, SOURCE
GOONJ:    MOV         AL, [SI]
          CMP         AL, [SI+1]
          JLE         NEXT
          XCHG        AL, [SI+1]
          MOV         [SI], AL
NEXT:     ADD         SI, 1
          LOOP        GOONJ
              _____(3)_____
```

```
        JNZ        GOONI
        CLD
        LEA        SI, SOURCE
        LEA        DI, RESULT
        MOV        CX,    (4)
        INC        SI
        INC        SI
LP2:    LODSB
        CBW
        ADD        TEMP, AX
        STOSB
LP1:    LOOP       LP2
        MOV        AX, TEMP
              (5)
        DIV        DL
        ADD        AH, AH
        CMP        AH, DL
        JB         OFF
              (6)
OFF:    MOV        [DI], AL
;    **** END ****
EXIT:   LEA        DX, RESULT
        LEA        SI, NAME1
        MOV        CX, N-1
        CALL       SAVE            ;SAVE RESULT TO FILE
        RET
START   ENDP
CSEG    ENDS
        END        START
```

★★★

第89题

请编制程序, 其功能是: 分别统计内存中字符中 SEGMENT、EQU、DB、MOV、ADD、ENDS、PROC、ENDP、AL、END 的个数, 然后将统计的个数以字节类型依次存入指定的内存中。

例如:

内存中有　　SEGMENT, EQU, DB, DB, MOV, ADD, ENDS, PROC, ENDP, AL,
　　　　　　AL, AL, ENDSUB, MUL

结果为　　　01H, 01H, 02H, 01H, 01H, 02H, 01H, 01H, 03H, 03H

部分程序已给出，其中原始数据由过程 LOAD 从文件 INPUT1.DAT 中读入 SOURCE 开始的内存单元中。运算结果要求从 RESULT 开始存放，由过程 SAVE 保存到文件 OUTPUT1.DAT 中。

请在 BEGIN 和 END 之间的源程序中填空，使其完整（空白已用横线标出，每个空白一般只需一条指令，但采用功能相当的多条指令亦可），或删除 BEGIN 和 END 之间原有的代码，并自行编程，完成所要求的功能。

对程序必须进行汇编，并与 IO.OBJ 链接产生可执行文件，最终运行程序产生结果。调试过程中，若发现程序存在错误，请加以修改。

试题程序：

```
MSTR       MACRO       STRX, NX1, NX2
           LOCAL       NEXT, AGAIN, FOUND
           CLD
           LEA         SI, SOURCE
NEXT:      CMP         [SI], '$$'
           JE          AGAIN
           MOV         CX, NX1
           LEA         DI, STRX
           REPE        CMPSB
           JNE         NEXT
FOUND:     INC         BYTE PTR NX2
           JMP         NEXT
AGAIN:
           ENDM

           EXTRN       LOAD:FAR, SAVE:FAR
N1         EQU         49
N2         EQU         10

DSEG       SEGMENT
SOURCE     DB          N1 DUP(?)
RESULT     DB          N2 DUP(0)
STR0       DB          'SEGMENT'
STR1       DB          'EQU'
STR2       DB          'DB'
STR3       DB          'MOV'
STR4       DB          'ADD'
STR5       DB          'ENDS'
STR6       DB          'PROC'
```

```
STR7     DB            'ENDP'
STR8     DB            'AL'
STR9     DB            'END'
NAME0    DB            'INPUT1.DAT',0
NAME1    DB            'OUTPUT1.DAT',0
DSEG     ENDS


SSEG     SEGMENT       STACK
         DB            256 DUP(?)
SSEG     ENDS


CSEG     SEGMENT
         ASSUME        CS:CSEG, SS:SSEG, DS:DSEG
START    PROC          FAR
         PUSH          DS
         XOR           AX, AX
         PUSH          AX
         MOV           AX, DSEG
         MOV           DS, AX
         MOV           ES, AX

         LEA           DX, SOURCE
         LEA           SI, NAME0
         MOV           CX, N1
         CALL          LOAD
;    *** BEGIN ***
         MSTR                  (1)
         MSTR                  (2)
         MSTR                  (3)
         MSTR                  (4)
         MSTR                  (5)
         MSTR                  (6)
         MSTR                 ·(7)
         MSTR                  (8)
         MSTR                  (9)
         MSTR                  (10)
EXIT:
;    **** END ****
         LEA           DX, RESULT
         LEA           SI, NAME1
```

```
          MOV           CX, N2
          CALL          SAVE
          RET
START     ENDP
CSEG      ENDS
          END           START
```

****

第 90 题

请编制程序，其功能是：内存中连续存放着 20 个无符号字节数序列，求出该序列的最大值和最小值。结果存放形式为：先按原序放 20 个需处理的无符号字节序列，后跟该序列的最大值和最小值（最大值在前，最小值在后）。

例如：

内存中有　　　01H，02H，03H…

结果为　　　　01H，02H，03H…（共 20 个需处理的原无符号字节序列），后跟该序列的
　　　　　　　最大值和最小值（最大值在前，最小值在后）

部分程序已给出，其中原始数据由过程 LOAD 从文件 INPUT1.DAT 中读入 SOURCE 开始的内存单元中，运算结果要求从 RESULT 开始存放，由过程 SAVE 保存到文件 OUTPUT1.DAT 中。

请在 BEGIN 和 END 之间的源程序中填空，使其完整（空白已用横线标出，每个空白一般只需一条指令，但采用功能相当的多条指令亦可），或删除 BEGIN 和 END 之间原有的代码，并自行编程，完成所要求的功能。

对程序必须进行汇编，并与 IO.OBJ 链接产生可执行文件，最终运行程序产生结果。调试过程中，若发现程序存在错误，请加以修改。

试题程序：

```
          EXTRN         LOAD:FAR,SAVE:FAR
N         EQU           20

STAC      SEGMENT       STACK
          DB            128  DUP(?)
STAC      ENDS

DATA      SEGMENT
SOURCE    DB            N DUP(?)
RESULT    DB            N DUP(0)
NAME0     DB            'INPUT1.DAT',0
NAME1     DB            'OUTPUT1.DAT',0
DATA      ENDS
```

```
CODE        SEGMENT
            ASSUME      CS:CODE, DS:DATA, SS:STAC
START       PROC        FAR
            PUSH        DS
            XOR         AX, AX
            PUSH        AX
            MOV         AX, DATA
            MOV         DS, AX

            LEA         DX, SOURCE      ; 数据区起始地址
            LEA         SI, NAMEO       ; 原始数据文件名
            MOV         CX, N           ; 字节数
            CALL        LOAD            ; 从' INPUT1. DAT' 中读取数据
;    **** BEGIN ****
                                        ; 最大值放在 BH 中, 最小值放在 BL 中
            LEA         SI, SOURCE
            LEA         ___(1)___, RESULT
            MOV         BH, [SI]            ;第一个字节既为最大值
            MOV         BL, BH              ;又为最小值
            MOV         [DI], BH
            ADD         SI, ___(2)___
            (3)
            MOV         CX, N-1
NEXT:       MOV         AL, [SI]
            CMP         AL, BH
            ___(4)___   CHKMIN
            MOV         BH, AL
            JMP         ENDL
CHKMIN:     CMP         AL, BL
            JAE         ENDL
            MOV         ___(5)___, AL
ENDL:       MOV         [DI], AL
            ADD         SI, 1
            ADD         DI, 1
            LOOP        NEXT
            MOV         [DI], ___(6)___
            ___(7)___
;    **** END ****
            LEA         DX, RESULT          ; 结果数据区首址
```

```
            LEA         SI,NAME1          ; 结果文件名
            MOV         CX,N+2            ; 结果字节数
            CALL        SAVE             ; 保存结果到文件
            RET
START       ENDP
CODE        ENDS
            END         START
```

****

第 91 题

请编制程序，其功能是：内存中连续存放着 10 个字节数，需对它们进行加密，其方法为：如某个数（两位十六进制数 X1X2 表示）的高位十六进制数 X1 大于或等于低位十六进制数 X2，则低位十六进制数 X2 用 X1-X2 代替；如某个数的高位十六进制数 X1 小于低位十六进制数 X2，则高位十六进制数 X1 用 X2-X1 代替。将加密后的结果存入内存。

例如：

内存中有　　　41H，46H…

结果　　　　　43H，26H…

部分程序已经给出，其中原始数据由过程 LOAD 从文件 INPUT1.DAT 中读入 SOURCE 开始的内存单元中，转换结果要求从 RESULT 开始存放，由过程 SAVE 保存到文件 OUTPUT1.DAT 中。

请填空 BEGIN 和 END 之间已经给出的一段源程序使其完整，需填空处已经用横线标出，每个空白一般只需要填一条指令或指令的一部分（指令助记符或操作数），也可以填入功能相当的多条指令，或删去 BEGIN 和 END 之间原有的代码并自行编程来完成所要求的功能。

对程序必须进行汇编，并与 IO.OBJ 链接产生可执行文件，最终运行程序产生结果。调试过程中，若发现程序存在错误，请加以修改。

试题程序：

```
            EXTRN       LOAD:FAR,SAVE:FAR
N           EQU         10

STAC        SEGMENT     STACK
            DB          128  DUP(?)
STAC        ENDS

DATA        SEGMENT
SOURCE      DB          N DUP(?)          ;顺序存放十个字节数
RESULT      DB          N DUP(0)          ;存放结果
NAME0       DB          'INPUT1.DAT',0
```

```
NAME1      DB           'OUTPUT1.DAT',0
DATA       ENDS


CODE       SEGMENT
           ASSUME       CS:CODE, DS:DATA, SS:STAC
START      PROC         FAR
           PUSH         DS
           XOR          AX,AX
           PUSH         AX
           MOV          AX,DATA
           MOV          DS,AX

           LEA          DX,SOURCE        ; 数据区起始地址
           LEA          SI,NAME0         ; 原始数据文件名
           MOV          CX,N             ; 字节数
           CALL         LOAD             ; 从' INPUT1.DAT' 中读取数据
;     **** BEGIN ****
           LEA          DI, RESULT
           LEA          SI, SOURCE
           MOV          CX,N
AGN1:      MOV          AL,[SI]
           MOV          AH,AL
           AND          AL,0FH
           AND          AH,0F0H
           MOV          DX,4
AGN2:      SHR          AH,1
           _____(1)_____
           JNZ          AGN2
           CMP          AH,AL
           _____(2)_____
           MOV          BL,AL
           SUB          BL,AH
           MOV          AH,BL
           JMP          STORE1
G1:        MOV          BH,AH
           SUB          BH,AL
           MOV          ___(3)___, BH
STORE1:    MOV          DX,4
AGN3:      ___(4)___    AH, 1
           DEC          DX
```

181

```
        JNZ        AGN3
        ___(5)___  AH, AL
        MOV        [DI],AH
        INC        DI
        INC        SI
        LOOP       AGN1
;    **** END ****
        LEA        DX, RESULT    ; 结果数据区首址
        LEA        SI, NAME1     ; 结果文件名
        MOV        CX, N         ; 结果字节数
        CALL       SAVE          ; 保存结果到文件
        RET
START   ENDP
CODE    ENDS
        END        START
```

★★★

第 92 题

请编制程序，其功能是：对内存中存放的六组带符号 16 位二进制数（每组由三个数组成，均不为零）进行处理。处理方法为：当每组中负数多于正数时，将组内负数变成正数（但绝对值不变，不同），组内正数不变。反之，将组内正数变成负数，组内负数不变。变换好的数按原序存放在内存中。

例如：

内存中有　0003H, 0001H, 0002H, 0003H, 0004H, FFFFH, FFFEH, FFFDH, 0001H, FFFEH, FFFDH, FFFFH…（共六组 18 个数）

结果为　FFFDH, FFFFH, FFFEH, FFFDH, FFFCH, FFFFH, 0002H, 0003H, 0001H, 0002H, 0003H, 0001H…（共 18 个数）

部分程序已给出，其中原始数据由过程 LOAD 从文件 INPUT1.DAT 中读入 SOURCE 开始的内存单元中，运算结果要求从 RESULT 开始存放，由过程 SAVE 保存到文件 OUTPUT1.DAT 中。

请在 BEGIN 和 END 之间的源程序中填空，使其完整（空白已用横线标出，每个空白一般只需一条指令，但采用功能相当的多条指令亦可），或删除 BEGIN 和 END 之间原有的代码，并自行编程，完成所要求的功能。

对程序必须进行汇编，并与 IO.OBJ 链接产生可执行文件，最终运行程序产生结果。调试过程中，若发现程序存在错误，请加以修改。

试题程序：

```
        EXTRN      LOAD:FAR,SAVE:FAR
N       EQU        18
```

```
STAC      SEGMENT       STACK
          DB            128  DUP(?)
STAC      ENDS

DATA      SEGMENT
SOURCE    DW            N DUP(?)
RESULT    DW            N DUP(0)
NAME0     DB            'INPUT1.DAT',0
NAME1     DB            'OUTPUT1.DAT',0
DATA      ENDS

CODE      SEGMENT
          ASSUME        CS:CODE, DS:DATA, SS:STAC
START     PROC          FAR
          PUSH          DS
          XOR           AX,AX
          PUSH          AX
          MOV           AX,DATA
          MOV           DS,AX
          LEA           DX,SOURCE        ; 数据区起始地址
          LEA           SI,NAME0         ; 原始数据文件名
          MOV           CX,N*2               ; 字节数
          CALL          LOAD             ; 从'INPUT1.DAT'中读取数据
;    **** BEGIN ****
          MOV           SI,0
          MOV           DI,0
          MOV           BX,6
REPT1:    MOV           DX,0
                 (1)
CAMP:     MOV           AX,SOURCE[SI]
                 (2)
          CMP           AX,0
          JL            CONT
          JMP           NEXT
CONT:     INC           DX
NEXT:     LOOP          CAMP
          SUB           SI,6
          MOV           CX,3
          CMP           DX,2
```

```
              JAE           NEG1
              ___(3)___     NEXT1
    NEG1:     MOV           AX,SOURCE[SI]
              ___(4)___
              CMP           AX,0
              JL            NEG2
              JMP           NOTNEG
    NEG2:     ___(5)___
    NOTNEG:   MOV           RESULT[DI],AX
              ___(6)___
              LOOP          NEG1
              JMP           NEXT2
    NEXT1:    MOV           AX,SOURCE[SI]
              ___(7)___
              CMP           AX,0
              JG            NEG3
              JMP           NOTNEG1
    NEG3:     NEG           AX
    NOTNEG1:  MOV           RESULT[DI],AX
              ___(8)___
              LOOP          NEXT1
    NEXT2:    DEC           BX
              JZ            EXIT
              ___(9)___
    EXIT:     NOP
    ;    **** END ****
              LEA           DX,RESULT       ; 结果数据区首址
              LEA           SI,NAME1        ; 结果文件名
              MOV           CX,N*2          ; 结果字节数
              CALL          SAVE            ; 保存结果到文件
              RET
    START     ENDP
    CODE      ENDS
              END           START
```

★★★

第 93 题

请编制程序，其功能是：内存中连续存放着 20 个有符号字节数序列，求出该序列的最大值和最小值。结果存放形式为：先按原序放 20 个需处理的有符号字节数序列，后跟该序

列的最大值和最小值（最大值在前，最小值在后）。

例如：

内存中有　　　81H，02H，03H…

结果为　　　　81H，02H，03H…（共 20 个需处理的原有符号字节序列），后跟该序列
　　　　　　　的最大值和最小值（最大值在前，最小值在后）

部分程序已经给出，其中原始数据由过程 LOAD 从文件 INPUT1.DAT 中读入 SOURCE
开始的内存单元中，转换结果要求从 RESULT 开始存放，由过程 SAVE 保存到文件
OUTPUT1.DAT 中。

请在 BEGIN 和 END 之间的源程序中填空，使其完整（空白已用横线标出，每个空白
一般只需一条指令，但采用功能相当的多条指令亦可），或删除 BEGIN 和 END 之间原有的
代码，并自行编程，完成所要求的功能。

对程序必须进行汇编，并与 IO.OBJ 链接产生可执行文件，最终运行程序产生结果。调
试过程中，若发现程序存在错误，请加以修改。

试题程序：

```
        EXTRN       LOAD:FAR,SAVE:FAR
N       EQU         20

STAC    SEGMENT     STACK
        DB          128  DUP(?)
STAC    ENDS

DATA    SEGMENT
SOURCE  DB          N DUP(?)
RESULT  DB          N DUP(0)
NAME0   DB          'INPUT1.DAT',0
NAME1   DB          'OUTPUT1.DAT',0
DATA    ENDS

CODE    SEGMENT
        ASSUME      CS:CODE, DS:DATA, SS:STAC
START   PROC        FAR
        PUSH        DS
        XOR         AX,AX
        PUSH        AX
        MOV         AX,DATA
        MOV         DS,AX

        LEA         DX,SOURCE       ; 数据区起始地址
        LEA         SI,NAME0        ; 原始数据文件名
```

```
        MOV     CX,N            ; 字节数
        CALL    LOAD            ; 从'INPUT1.DAT'中读取数据
;    **** BEGIN ****
; 最大值放在BH中，最小值放在BL中
        LEA     SI,SOURCE
        LEA     ____(1)____,RESULT
        MOV     BH,[SI]                 ;第一个字节既为最大值
        MOV     BL,BH                   ;又为最小值
        MOV     [DI],BH
        ADD     SI,____(2)____
           (3)
        MOV     CX,N-1
NEXT:   MOV     AL,[SI]
        CMP     AL,BH
   ____(4)____  CHKMIN
        MOV     BH,AL
        JMP     ENDL
CHKMIN: CMP     AL,BL
        JAE     ENDL
        MOV     ____(5)____,AL
ENDL:   MOV     [DI],AL
        ADD     SI,1
        ADD     DI,1
        LOOP    NEXT
        ____(6)____
   ________(7)________
        MOV     [DI],____(8)____
;    **** END ****
        LEA     DX,RESULT       ; 结果数据区首址
        LEA     SI,NAME1        ; 结果文件名
        MOV     CX,N+2          ; 结果字节数
        CALL    SAVE            ; 保存结果到文件
        RET
START   ENDP
CODE    ENDS
        END     START
```

★★

第 94 题

请编制程序，其功能是：内存中连续存放着 20 个无符号二进制字序列 X_i (i=1,2,...,20)，字的最高 3 位为 000，此序列对应某一信号在一段时间内的连续变化，现对该信号进行一阶低通数字滤波，其滤波方程为：

$$Y_i=(15*Y_{i-1}/16)+(X_i/16), Y_0=0$$

Y_i (i=1,2,...,20)为滤波后得到的新序列，结果存入内存。

例如：

内存中有　　　01FFH，02FFH...

结果　　　　　001H，004DH...

部分程序已经给出，其中原始数据由过程 LOAD 从文件 INPUT1.DAT 中读入 SOURCE 开始的内存单元中，转换结果要求从 RESULT 开始存放，由过程 SAVE 保存到文件 OUTPUT1.DAT 中。

请填空 BEGIN 和 END 之间已经给出的一段源程序使其完整，需填空处已经用横线标出，每个空白一般只需要填一条指令或指令的一部分（指令助记符或操作数），也可以填入功能相当的多条指令，或删去 BEGIN 和 END 之间原有的代码并自行编程来完成所要求的功能。

对程序必须进行汇编，并与 IO.OBJ 链接产生可执行文件，最终运行程序产生结果。调试过程中，若发现程序存在错误，请加以修改。

试题程序：

```
              EXTRN      LOAD:FAR,SAVE:FAR
        N     EQU        20

        STAC  SEGMENT    STACK
              DB         128   DUP(?)
        STAC  ENDS


        DATA  SEGMENT
        SOURCE DW        N DUP(?)          ;顺序存放二十个字
        RESULT DW        N DUP(0)          ;存放结果
        NAME0 DB         'INPUT1.DAT',0
        NAME1 DB         'OUTPUT1.DAT',0
        DATA  ENDS


        CODE  SEGMENT
              ASSUME     CS:CODE, DS:DATA, SS:STAC
        START PROC       FAR
              PUSH       DS
              XOR        AX,AX
```

```
             PUSH        AX
             MOV         AX, DATA
             MOV         DS, AX

             LEA         DX, SOURCE        ; 数据区起始地址
             LEA         SI, NAME0         ; 原始数据文件名
             MOV         CX, N*2                ; 字节数
             CALL        LOAD              ; 从' INPUT1.DAT' 中读取数据
;     **** BEGIN ****
             LEA         DI, RESULT
             LEA         SI, SOURCE
             MOV         CX, N
             MOV         BX, 0
AGN0:        MOV         DX,____(1)_____
             MOV         AX, [SI]
             PUSH        CX
             MOV         CX, 4
AGN1:        SHR         BX, 1
             SHR         AX, 1
             LOOP        AGN1
             POP         CX
             __(2)__     AX, DX
             __(3)__     AX, BX
             MOV         [DI], AX
             __(4)__
             INC         DI
             __(5)__
             INC         SI
             __(6)__
             LOOP        AGN0
;     **** END ****
             LEA         DX, RESULT        ; 结果数据区首址
             LEA         SI, NAME1         ; 结果文件名
             MOV         CX, N*2           ; 结果字节数
             CALL        SAVE              ; 保存结果到文件
             RET
START        ENDP
CODE         ENDS
             END         START
```

188

★★

第 95 题

请编制程序，其功能是：对内存中存放的 20 个带符号 8 位二进制数进行处理。处理方法为：大于等于+64 的数用 ASCII 字符 '>'（3EH）表示；大于 0 小于+64 的数用 ASCII 字符 '+'（2BH）表示；等于 0 的数用 ASCII 字符 '0'（30H）表示；小于 0 大于-64 的数用 ASCII 字符 '-'（2DH）表示；小于等于-64 的数用 ASCII 字符 '<'(3CH)表示。

例如：

内存中有 00H，01H，3FH，40H，41H，7EH，7FH，80H，FFH，C0H…（共 20 个字）

结果为　30H，2BH，2BH，3EH，3EH，3EH，3EH，3CH，2DH，3CH…（共 20 个 ASCII 码

部分程序已经给出，其中原始数据由过程 LOAD 从文件 INPUT1.DAT 中读入 SOURCE 开始的内存单元中。转换结果要求从 RESULT 开始存放，由过程 SAVE 保存到文件 OUTPUT1.DAT 中。

请在 BEGIN 和 END 之间补充一段源程序完成所要求的功能。

对程序必须进行汇编，并与 IO.OBJ 链接产生可执行文件，最终运行程序产生结果。调试过程中，若发现程序存在错误，请加以修改。

试题程序：

```
          EXTRN       LOAD:FAR,SAVE:FAR
N         EQU         20

STAC      SEGMENT     STACK
          DB          128  DUP(?)
STAC      ENDS

DATA      SEGMENT
SOURCE    DB          N DUP(?)
RESULT    DB          N DUP(0)
NAME0     DB          'INPUT1.DAT',0
NAME1     DB          'OUTPUT1.DAT',0
DATA      ENDS

CODE      SEGMENT
          ASSUME      CS:CODE, DS:DATA, SS:STAC
START     PROC        FAR
          PUSH        DS
          XOR         AX,AX
          PUSH        AX
          MOV         AX,DATA
```

```
            MOV         DS,AX

            LEA         DX,SOURCE       ; 数据区起始地址
            LEA         SI,NAME0        ; 原始数据文件名
            MOV         CX,N            ; 字节数
            CALL        LOAD            ; 从' INPUT1.DAT' 中读取数据
    ;   **** BEGIN ****


    ;   **** END ****
            LEA         DX,RESULT       ; 结果数据区首址
            LEA         SI,NAME1        ; 结果文件名
            MOV         CX,N            ; 结果字节数
            CALL        SAVE            ; 保存结果到文件
            RET
    START   ENDP
    CODE    ENDS
            END         START
```

✱✱

第 96 题

请编制程序，其功能是：在递增的有序字节数组中删去一个指定的数组元素，该元素在程序的数据段中用符号常量 X 表示（在数组元素中只有一个这样的元素）。为了保持原数组个数不变，将数组的最后一个元素填 0。假设数组元素均为正数。

例如：在下面的数组中删去数组元素 03H

01H，02H，03H，04H，05H…

结果为 01H，02H，04H，05H…00H

部分程序已经给出，其中原始数据由过程 LOAD 从文件 INPUT1.DAT 中读入 SOURCE 开始的内存单元中，转换结果要求从 RESULT 开始存放，由过程 SAVE 保存到文件 OUTPUT1.DAT 中。

请填空 BEGIN 和 END 之间已经给出的一段源程序使其完整，需填空处已经用横线标出，每个空白一般只需要填一条指令或指令的一部分（指令助记符或操作数），也可以填入功能相当的多条指令，或删去 BEGIN 和 END 之间原有的代码并自行编程来完成所要求的功能。

对程序必须进行汇编，并与 IO.OBJ 链接产生可执行文件，最终运行程序产生结果。调试过程中，若发现程序存在错误，请加以修改。

试题程序：

```
            EXTRN       LOAD:FAR,SAVE:FAR
    N       EQU         10
```

190

```
DSEG      SEGMENT
SOURCE    DB          N DUP(?)
X         EQU         3                       ;指定的删除元素
RESULT    DB          N DUP(0)
NAME0     DB          'INPUT1.DAT',0
NAME1     DB          'OUTPUT1.DAT',0
DSEG      ENDS


SSEG      SEGMENT     STACK
          DB          256 DUP(?)
SSEG      ENDS


CSEG      SEGMENT
          ASSUME      CS:CSEG, SS:SSEG, DS:DSEG
START     PROC        FAR
          PUSH        DS
          XOR         AX, AX
          PUSH        AX
          MOV         AX, DSEG
          MOV         DS, AX
          MOV         ES, AX

          LEA         DX, SOURCE
          LEA         SI, NAME0
          MOV         CX, N
          CALL        LOAD
;     **** BEGIN ****
          CLD
          LEA         DI, SOURCE
          MOV         AL, X
          MOV         CX, N
          ___(1)___   SCASB
          MOV         SI, DI
          DEC         ___(2)___
          REP         ___(3)___
          MOV         BYTE PTR[DI], ___(4)___
          LEA         SI, SOURCE
          LEA         DI, RESULT
          ___(5)___
```

191

```
            REP         MOVSB
;     **** END ****
            LEA         DX, RESULT
            LEA         SI, NAME1
            MOV         CX, N
            CALL        SAVE
            RET
START       ENDP
CSEG        ENDS
            END         START
```

★★★

第 97 题

请编制程序，其功能是：内存中连续存放的 20 个八位有符号数（补码）是由一个八位 A/D 转换器采集的双极性信号（Xn），现要求对该信号作如下处理（处理后的信号记为 Yn）：

a)   Yn=Xn+5   Xn<-5

b)   Yn=0 |Xn|<=5

c)   Yn=Xn-5   Xn>5

例如：

Xn：03H，FEH（-2），4EH，A2H（-94）…

Yn：00H，00H，   49H，A7H（-89）…

部分程序已经给出，请在 BEGIN 和 END 之间的源程序中填空，使其完整（空白已用横线标出，每个空白一般只需一条指令，但采用功能相当的多条指令亦可），或删除 BEGIN 和 END 之间原有的代码，并自行编程，完成所要求的功能。

原始数据由过程 LOAD 从文件 INPUT1.DAT 中读入 SOURCE 开始的内存单元中，转换结果要求从 RESULT 开始存放，由过程 SAVE 保存到文件 OUTPUT1.DAT 中。

对程序必须进行汇编，并与 IO.OBJ 链接产生可执行文件，最终运行程序产生结果。调试过程中，若发现程序存在错误，请加以修改。

试题程序：

```
            EXTRN       LOAD:FAR,SAVE:FAR
N           EQU         20
DELTA       EQU         5


STAC        SEGMENT     STACK
            DB          256 DUP(?)
STAC        ENDS


DATA        SEGMENT
```

```
SOURCE    DB              N   DUP(?)
RESULT    DB              N   DUP(0)
NAME0     DB              'INPUT1.DAT',0
NAME1     DB              'OUTPUT1.DAT',0
DATA      ENDS


CODE      SEGMENT
          ASSUME          CS:CODE, DS:DATA, SS:STAC
START     PROC            FAR
          PUSH            DS
          XOR             AX,AX
          PUSH            AX
          MOV             AX,DATA
          MOV             DS,AX


          LEA             DX,SOURCE       ; 数据区起始地址
          LEA             SI,NAME0        ; 原始数据文件名起始地址
          MOV             CX,N            ; 字节数
          CALL            LOAD            ; 从'input1.dat'中读取数据
;    *** BEGIN ***
          LEA             SI,SOURCE
          LEA             DI,RESULT
               (1)
NEXT:     MOV             AL,[SI]
          CMP             AL,-DELTA
          J     (2)       LESS
          CMP             AL,DELTA
          J     (3)       GREAT
          MOV             AL,0
          JMP             STORE
GREAT:    SUB             AL,DELTA
          JMP             STORE
LESS:     ADD             AL,DELTA
STORE:    MOV             [DI],AL
               (4)
               (5)
               (6)
;    **** END ****
          LEA             DX,RESULT       ; 结果数据区首址
          LEA             SI,NAME1        ; 结果文件名起始地址
```

```
                MOV        CX,N                    ; 字节数
                CALL       SAVE                    ; 保存结果到"output1.dat"文件中
                RET
    START       ENDP
    CODE        ENDS
                END        START
```

✶✶✶

第 98 题

请编制程序，其功能是：内存中连续存放着 10 个二进制字节数，需对此组数进行加密，其方法为：将前一个字节数（两位十六进制数 a1a2 表示）的低位十六进制数 a2 与后一个字节数（两位十六进制数 b1b2 表示）的高位十六进制数 b1 进行交换；第一个字节数的高位十六进制与最后一个字节数的低位十六进制数进行交换，加密后的结果存入内存。

例如：

内存中有 50H，61H，72H，83H，94H，A5H，B6H，C7H，D8H，E9H

结果　　　96H，07H，18H，29H，3AH，4BH，5CH，6DH，7EH，85H

部分程序已经给出，其中原始数据由过程 LOAD 从文件 INPUT1.DAT 中读入 SOURCE 开始的内存单元中，转换结果要求从 RESULT 开始存放，由过程 SAVE 保存到文件 OUTPUT1.DAT 中。

请填空 BEGIN 和 END 之间已经给出的一段源程序使其完整，需填空处已经用横线标出，每个空白一般只需要填一条指令或指令的一部分（指令助记符或操作数），也可以填入功能相当的多条指令，或删去 BEGIN 和 END 之间原有的代码并自行编程来完成所要求的功能。

对程序必须进行汇编，并与 IO.OBJ 链接产生可执行文件，最终运行程序产生结果。调试过程中，若发现程序存在错误，请加以修改。

试题程序：

```
                EXTRN      LOAD:FAR,SAVE:FAR
    N           EQU        10

    STAC        SEGMENT    STACK
                DB         128  DUP(?)
    STAC        ENDS


    DATA        SEGMENT
    SOURCE      DB         N DUP(?)            ; 顺序存放 10 个字节数
    RESULT      DB         N DUP(0)            ;存放结果
    NAME0       DB         'INPUT1.DAT',0
    NAME1       DB         'OUTPUT1.DAT',0
```

```
        DATA    ENDS


        CODE    SEGMENT
                ASSUME      CS:CODE, DS:DATA, SS:STAC
        START   PROC        FAR
                PUSH        DS
                XOR         AX, AX
                PUSH        AX
                MOV         AX, DATA
                MOV         DS, AX


                LEA         DX, SOURCE          ; 数据区起始地址
                LEA         SI, NAME0           ; 原始数据文件名
                MOV         CX, N               ; 字节数
                CALL        LOAD                ; 从' INPUT1. DAT' 中读取数据
        ;    **** BEGIN ****
                MOV         DI, 0
                MOV         SI, 0
                MOV         CX, N
        AGN1:   MOV         AL, SOURCE[SI]
                MOV         AH, AL
                AND         AL, 0FH
                AND         AH, 0F0H
                INC         SI ·
                CMP         SI, N
                        (1)
                MOV         SI, 0
        LW:     MOV         BL, SOURCE[SI]
                MOV         BH, BL
                AND         BL, 0FH
                AND         BH, 0F0H
                    (2)         CX
                MOV         CX, 4
        L1:     SHR         BH, 1
                SHL         AL, 1
                LOOP        L1
                    (3)         CX
                OR          AH, BH
                OR          AL, BL
                CMP         DI, 0
```

```
            JNZ        STORE1
            MOV        SOURCE[SI],AL
            DEC        SI
            MOV        SOURCE[SI],AH
            INC        SI
            JMP        NEXT
    STORE1: CMP        DI,N-1
            JL         STORE2
            MOV        RESULT[DI],AH
            MOV        DI,0
            MOV        RESULT[DI],AL
            JMP        NEXT
    STORE2: MOV        ____(4)____,AH
            MOV        ____(5)____,AL
    NEXT:   INC        DI
            LOOP       AGN1
    ;  **** END ****
            LEA        DX,RESULT       ; 结果数据区首址
            LEA        SI,NAME1        ; 结果文件名
            MOV        CX,N            ; 结果字节数
            CALL       SAVE            ; 保存结果到文件
            RET
    START   ENDP
    CODE    ENDS
            END        START
```

✮✮

第 99 题

请编制程序，其功能是：将 10 个用 ASCII 字符串表示的十进制数，转换为十六进制数，每一个十进制数不大于 65536，它们之间用逗号隔开，例如：

内存中有 '261, 21, 143, 7, 8, 42, 51, 9, 64, 145, '

结果为   0501H, 1500H, 8F00H, 0700H, 0800H, 2A00H, 3300H, 0900H, 4000H, 9100H

部分程序已经给出，其中原始数据由过程 LOAD 从文件 INPUT1.DAT 中读入 SOURCE 开始的内存单元中。转换结果要求从 RESULT 开始存放，由过程 SAVE 保存到文件 OUTPUT1.DAT 中。

请在 BEGIN 和 END 之间的源程序中填空，使其完整（空白已用横线标出，每个空白一般只需一条指令，但采用功能相当的多条指令亦可），或删除 BEGIN 和 END 之间原有的代码，并自行编程，完成所要求的功能。

对程序必须进行汇编，并与 IO.OBJ 链接产生可执行文件，最终运行程序产生结果。调

试过程中，若发现程序存在错误，请加以修改。

试题程序：

```
        EXTRN LOAD:FAR, SAVE:FAR
DSEG    SEGMENT
SOURCE  DB 30 DUP (0)
RESULT  DB 20 DUP (0)
NAME0   DB 'INPUT1.DAT',0
NAME1   DB 'OUTPUT1.DAT',0
DSEG    ENDS
SSEG    SEGMENT STACK
        DB 256 DUP(?)
SSEG    ENDS
CSEG    SEGMENT
        ASSUME CS: CSEG, SS: SSEG, DS: DSEG


START   PROC FAR
        PUSH DS
        XOR AX, AX
        PUSH AX
        MOV AX, DSEG
        MOV DS, AX
        LEA DX, SOURCE      ;数据区起始地址
        LEA SI, NAME0       ;原始数据文件名起始地址
        MOV CX, 30          ;字节数
        CALL LOAD           ;从'input1.dat'中读取数据


;********BEGIN*****************
        MOV SI, DX          ;SOURCE 数据区首地址送 SI
        LEA DI, RESULT      ;取 RESULT 的首地址
        MOV CX, 10          ;循环 10 次
AGAIN:  CALL DTB            ;调用子程序
        MOV [DI],AX         ;保存一个十六进制数
        ADD DI, 2
        INC SI
        LOOP AGAIN          ;继续下一循环
        JMP EXIT            ;转换结束
        DTB PROC            ;十进制数转换为十六进制数的子程序
        MOV BL, 10
        XOR AX, AX          ;假设初始最高位十进制数为 0
```

197

```
CONT:     XOR DX, DX
          (1)                ;取一个 ASCII 字符
          (2)                ;判断是否为逗号
          JE RETURN          ;如果是逗号，则一个十进制数的转换结束
          (3)                ;如果不是逗号，则将 ASCII 字符转换为十六进制数
          MUL BL             ;高位数乘以 10
          ADD AX, DX         ;高位数乘以 10 与次高位相加
          (4)                ;调整指针，准备取下一个 ASCII 字符
          (5)                ;继续循环
RETURN:   RET
DTB       ENDP
;*******END*********

EXIT:     LEA DX, RESULT     ;结果数据区起始地址
          LEA SI, NAME1      ;结果文件名起始地址
          MOV CX, 20         ;字节数
          CALL SAVE          ;保存结果到'output1.dat'文件
          RET
START     ENDP
CSEG      ENDS
          END START
```

****

第 100 题

请编制程序，其功能是：内存中连续存放的二十个八位有符号数（补码）是由一个八位 A/D 转换器采集的双极性信号（Xn），现要求对该信号作如下限幅处理（处理后的信号记为 Yn）：

a)   Yn= -100   Xn<-100
b)   Yn=Xn |Xn|<=100
c)   Yn=100   Xn>100

例如：

Xn：67H，61H，8EH，38H…

Yn：64H，61H，9CH，38H…

部分程序已经给出，请在 BEGIN 和 END 之间的源程序中填空，使其完整（空白已用横线标出，每个空白一般只需一条指令，但采用功能相当的多条指令亦可），或删除 BEGIN 和 END 之间原有的代码，并自行编程，完成所要求的功能。

原始数据由过程 LOAD 从文件 INPUT1.DAT 中读入 SOURCE 开始的内存单元中。转换结果要求从 RESULT 开始存放，由过程 SAVE 保存到文件 OUTPUT1.DAT 中。

对程序必须进行汇编，并与 IO.OBJ 链接产生可执行文件，最终运行程序产生结果。调试过程中，若发现程序存在错误，请加以修改。

试题程序：

```
        EXTRN       LOAD:FAR,SAVE:FAR
N       EQU         20
MAX_VAL EQU         100


STAC    SEGMENT     STACK
        DB          128 DUP(?)
STAC    ENDS


DATA    SEGMENT
SOURCE  DB          N   DUP(?)
RESULT  DB          N   DUP(0)
NAME0   DB          'INPUT1.DAT',0
NAME1   DB          'OUTPUT1.DAT',0
DATA    ENDS


CODE    SEGMENT
        ASSUME      CS:CODE, DS:DATA, SS:STAC
START   PROC        FAR
        PUSH        DS
        XOR         AX,AX
        PUSH        AX
        MOV         AX,DATA
        MOV         DS,AX


        LEA         DX,SOURCE       ; 数据区起始地址
        LEA         SI,NAME0        ; 原始数据文件名起始地址
        MOV         CX,N            ; 字节数
        CALL        LOAD            ; 从'input1.dat'中读取数据
;   *** BEGIN ***
        LEA         SI,SOURCE
        LEA         DI,RESULT
            (1)
NEXT:   MOV         AL,[SI]
        CMP         AL,- MAX_VAL
        J____(2)    LESS
        CMP         AL, MAX_VAL
            (3)
        MOV         AL, MAX_VAL
```

```
            JMP         STORE
LESS:       MOV         AL, - MAX_VAL
STORE:      MOV         [DI],AL
                    (4)
                    (5)
                    (6)
    **** END ****
            LEA         DX,RESULT           ; 结果数据区首址
            LEA         SI,NAME1            ; 结果文件名起始地址
            MOV         CX,N                ; 字节数
            CALL        SAVE                ; 保存结果到"output1.dat"文件中
            RET
START       ENDP
CODE        ENDS
            END         START
```